U0254899

发明简史

[英]朱莉·法里斯 /伊莎贝尔·托马斯 等 著

杨 静 翻译

四川科学技术出版社

For the curious
www.dk.com

Original Title: Big Ideas That Changed the World
Copyright © 2010, 2019 Dorling Kindersley Limited
A Penguin Random House Company

图书在版编目（CIP）数据

发明简史 / (英) 朱莉·法里斯, (英) 伊莎贝尔·托马斯等著；杨静翻译. — 成都：四川科学技术出版社, 2019.10（2021.5重印）
ISBN 978-7-5364-9611-8

Ⅰ.①发… Ⅱ.①朱… ②伊… ③杨… Ⅲ.①创造发明—技术史—世界—儿童读物 Ⅳ.①N091-49

中国版本图书馆CIP数据核字(2019)第217461号

著作权合同登记图进字 21-2019-431 号

发明简史
FAMING JIANSHI

出 品 人　程佳月
著　　者　[英]朱莉·法里斯　[英]伊莎贝尔·托马斯　等
翻　　译　杨　静
责任编辑　徐登峰　李　珉
特约编辑　王冠中　米　琳　李文珂　郭　燕　王　杰
装帧设计　孙　庚　程　志　刘　朋　耿　雯
责任出版　欧晓春
出版发行　四川科学技术出版社
　　　　　成都市槐树街 2 号 邮政编码：610031
　　　　　官方微博：http://weibo.com/sckjcbs
　　　　　官方微信公众号：sckjcbs
　　　　　传真：028-87734037
成品尺寸　216mm × 276mm
印　　张　15.25
插　　页　2
字　　数　305 千
印　　刷　鸿博昊天科技有限公司
版次 / 印次　2019 年 11 月第 1 版 / 2021 年 5 月第 2 次印刷
定　　价　168.00 元

ISBN 978-7-5364-9611-8

本社发行部邮购组地址：四川省成都市槐树街 2 号
电话：028-87734035　邮政编码：610031

混合产品
源自负责任的
森林资源的纸张
FSC® C018179

目录

◀天才的发明▶

5

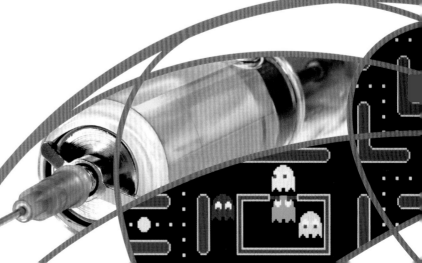

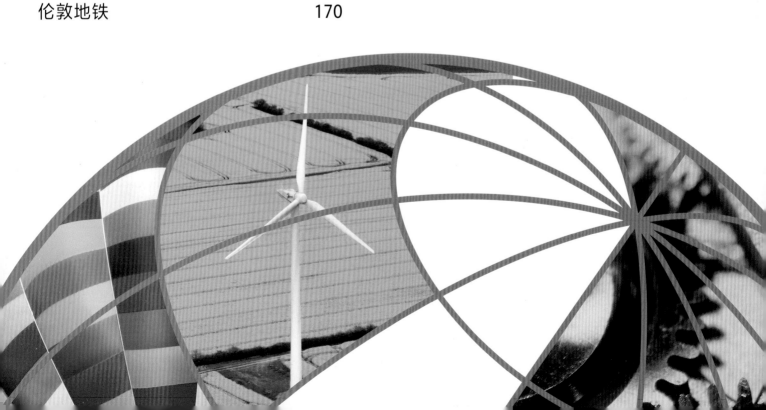

文化的乐趣

205

正如托马斯·爱迪生所说，发明创造大都需要辛勤的工作。但在那之前，一个伟大的构想是必不可少的。如果没有这些伟大的创意和它们所带来的发明，我们的生活将会非常不同。它们改变了我们生活和思考的方式，也改变了历史的进程。

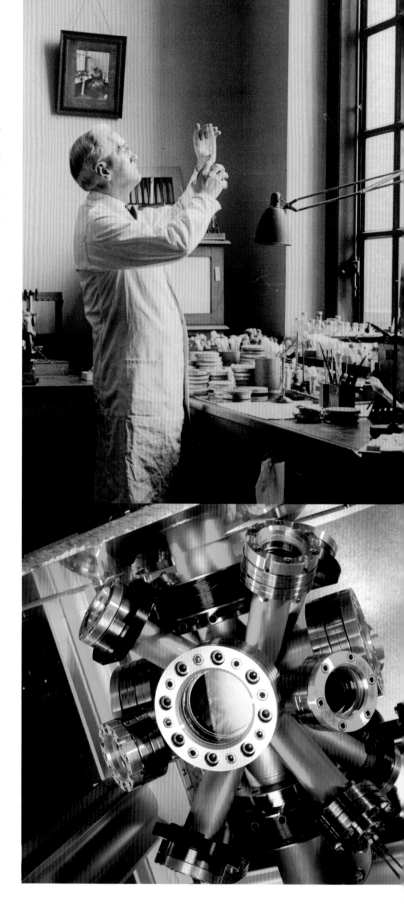

行动中的理念

看看你的周围，有哪些事物不是人类发明的呢？事实上，没有某些发明，我们当中的许多人甚至都无法降生——因为早在我们还在母亲肚子里的时候，就有药物和机械开始为我们的安全和健康护航了，并且它们将在今后继续保护我们。一些发明让我们可以与朋友们保持联系，一些发明帮助我们探索这个世界，一些发明为我们揭开宇宙中的奥秘，还有一些发明则供我们尽情娱乐。

前言

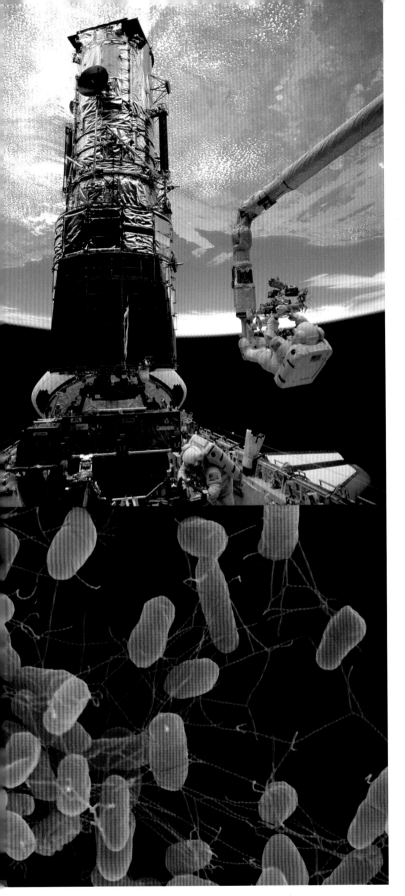

> **天才，就是1%的灵感加上99%的汗水。**
>
> ——托马斯·爱迪生，美国科学家、发明家

改变世界

许多世纪以来，大多数发明诞生于某个发明家的伟大构想。但大约一个世纪以前，这种现象开始改变。很快，某些大学、大公司甚至国家机构都在创造新点子并将它们付诸实际。当一大群人一起工作时，往往能做出令人感到惊奇的事：从消灭某种疾病到登上月球。人们在20世纪发明了比以往任何时期都要多的事物。我们无法想象，21世纪还会有多少新事物诞生。

天才的发明

怎样才能成为一个天才？

或许需要年复一年的研究，没完没了的实验，一辈子的辛勤工作。又或许只是发生在一瞬间的一个想法，而这个想法却能改变世界……

电的发现引发了一场家用电灯革命。 如何设计出足够小巧且安全的家用电灯，英国人约瑟夫·斯旺和美国人托马斯·爱迪生的想法不谋而合：将通过电流加热到白炽状态的金属丝密封在真空中。而后，他们开始合伙将这个发明投入生产。1881年，第一批商用电灯泡问世了。蜡烛从此不再是照明的唯一选择，医生、手工业者和工厂里的工人第一次在夜晚工作时也能看得清，路灯的出现使得人们出行更加安全，矿工不再携带危险的明火。在此后不到25年的时间里，数百万个家庭的房间被电灯照亮。

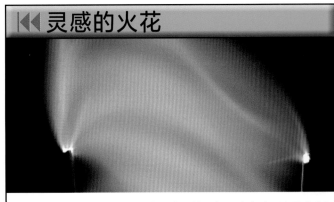

◀◀灵感的火花

爱迪生和斯旺花了数十年时间来研究如何利用电制造出光。不过，率先有了关键性突破的是汉弗里·戴维爵士。1809年，他发现两根炭棒中跳跃的电弧能够形成电流，可以持续加热炭棒直到它发光。

电力系统

爱迪生是世界上最伟大的发明家之一，他的发明在美国申请到了1 093项专利，在全球累计获得2 332项专利。爱迪生为了让他发明的灯泡变得更实用，就为建筑物设计出了整套供电系统。他的发明包括保险丝、灯座、开关，还有能保证将电从电站安全运送到千家万户的其他所有设备。

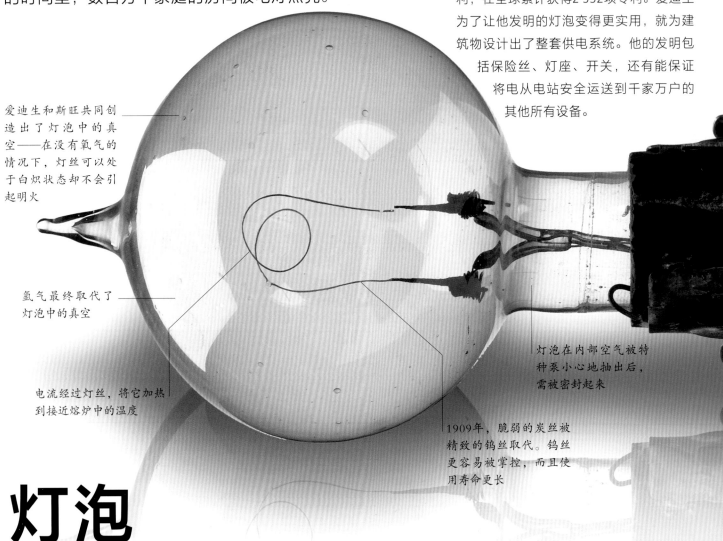

爱迪生和斯旺共同创造出了灯泡中的真空——在没有氧气的情况下，灯丝可以处于白炽状态却不会引起明火

氩气最终取代了灯泡中的真空

电流经过灯丝，将它加热到接近熔炉中的温度

灯泡在内部空气被特种泵小心地抽出后，需被密封起来

1909年，脆弱的炭丝被精致的钨丝取代。钨丝更容易被掌控，而且使用寿命更长

灯泡

如果你将灯泡内的一根灯丝拉直,你会发现它的长度能够达到1米左右

酷炫科学

电流经过金属丝使其升温。如果足够热,它们会发光,于是电能就会转化成光能和热能。又长又细的复绕金属丝可以产生出很亮的光。现代灯丝中的线圈更小,只有在显微镜下才能看清。

警示

最初,人们对这项新技术持怀疑态度,所以厂商专门设立了一些警告标识提醒人们不要用火柴点燃灯泡。同时,还要向顾客保证:电灯不会伤害他们的健康或影响他们的睡眠。

大众化的光资源

灯泡的发明使电力照明成为人人都可以担负得起的照明方式。爱迪生最初发明的灯泡和当今的白炽灯泡看起来仍十分相像,虽然这项发明已经有100多年的历史了。由于使用方便,电灯泡已成为全世界运用最广泛的光源。

早期的斯旺灯

"lamp"一词最初指灯泡,但今天我们用其指灯泡及其安装装置

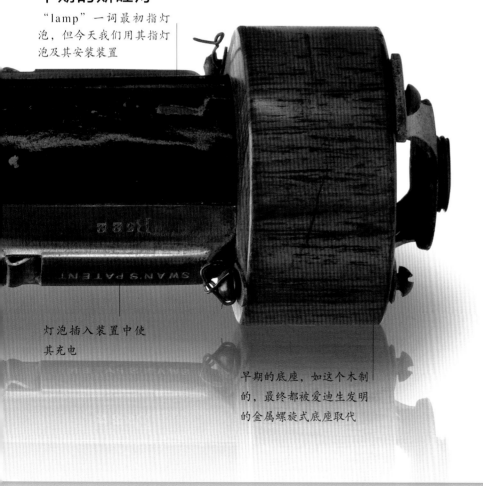

灯泡插入装置中使其充电

早期的底座,如这个木制的,最终都被爱迪生发明的金属螺旋式底座取代

一种更优质的光源?

当全世界都在寻找节能的方式时,新型灯泡正受到前所未有的关注。

散发更多的是热而不是光

虽然造价低廉,但现代的灯泡并未能物尽其用。它们只能将4%~6%的电能转化成光能,而剩下的电能则转化成了热能,被浪费掉了。

节能灯泡

小型荧光灯泡只用灯丝灯泡1/4的能量,而照亮时间却比灯丝灯泡长10倍。当电流经过玻璃中的气体时,玻璃上的涂层会发光。

点亮未来

发光二极管(LED)只产生极少的热量,它于20世纪60年代开始投入使用。新一代的发光二极管灯泡可以为整个房间照明并能持续使用达10万小时之久。

相关:X射线 见第16页

纵观人类历史，致病细菌是我们最致命的敌人。第一次世界大战期间，死于传染病的士兵比战死沙场的还多——甚至被荆棘划伤都有可能是致命的。直到亚历山大 · 弗莱明偶然发现了一种可以杀死细菌但不会破坏人类自身细胞的物质，历史的进程才得以改变。这种物质就是抗生素。抗生素让人们更长寿、更健康，也改变了新药物的开发方式。

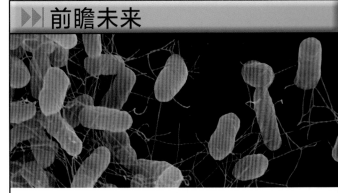
寻找和消灭

每种抗生素都以不同的方式抵抗致病细菌，阻挡它们继续生长或自然繁殖。例如青霉素可以阻止致病细菌建立它们的细胞壁，所以当致病细菌生长时，细胞壁会被损坏或者破裂。

致命的入侵者

细菌是微型有机体。许多"友好的"细菌生活在我们体内，它们并不会对我们造成任何伤害，但是致病细菌会释放破坏我们细胞的化学物质。它们会引发一些致命的疾病，比如肺炎、结核等。

美国医生每年开出 1.5亿剂抗生素

最初，抗生素是用来注射或外用治疗皮肤创伤的，现在大部分用于口服

抗生素胶囊是由食用明胶和其他可消化的物质制成

抗生素

神奇的霉菌

弗莱明在一个敞开放置了数天的葡萄球菌培养基上首次发现了抗生素。与普通面包霉菌相近的特异青霉菌的孢子飘落在培养基上并开始生长。弗莱明意识到青霉菌包含一种能杀灭细菌的化学物质，他称其为青霉素。

已经死亡和接近死亡的细菌光晕环绕在蓝色霉菌周围

因为青霉素进入体内4小时后会被分解，所以需要多次服药才能起效

胶囊壳外可加保护层，这样可保护胶囊不被胃酸破坏，而在到达肠道时胶囊壳才会被溶解，从而释放出青霉素

战斗还在继续

青霉素的发现和成功使用，引发了人类寻找新抗生素的热潮。20世纪50年代，链霉素和其他抗生素的发现，使得包括肺结核在内的一些疾病可以被治愈。当人们幻想着形成一个没有细菌感染的世界时，细菌却打起了反击战……

病毒

抗生素对病毒无效，但是它们对于抗病毒药物的研究却是极其重要的。通常将抗生素注入用来培育病毒的鸡蛋，这样可以阻止鸡蛋被细菌感染。

日益严峻的问题

目前，滥用抗生素的情况十分明显，比如为了让患者抵抗细菌感染，医生却开出了抗生素；患者服用错误剂量的抗生素；农民给牲畜喂食抗生素。这些行为都助长了新型的、耐抗生素细菌的演变。

相关：疫苗接种　见第12页

青霉素

亚历山大·弗莱明是历史上研究青霉素对抗细菌的效果的第一人，然而，真正帮助医生成功利用抗生素来对抗细菌的却是两位鲜为人知的科学家——恩斯特·伯利斯·柴恩和霍华德·弗洛里。他们将抗菌物质从产生它们的霉菌中分离出来，并由此发明出一种可以挽救人类生命的药物。

提取青霉素

弗莱明将青霉菌在不同的细菌上进行了试验。他发现青霉菌能杀死引起肺炎、梅毒和白喉的病菌。它对人体无害，不同于当时使用的防腐剂——这些化学药品虽可杀菌，但也损害人体细胞。1929年，弗莱明将他的研究公之于世，并指出如果可以提取青霉素，那么它的医学药用价值会很高。10年后，柴恩读到了弗莱明的文章并提议同弗洛里一起尝试提取青霉素。到了1940年，他们成功地在老鼠身上进行了实验，并提取和精制了足够剂量的青霉素，随后用在人类患者的治疗上。

恩斯特·伯利斯·柴恩

出生于德国的柴恩是一位出色的生物化学家。在离开柏林的几年后，他在英国加入了弗洛里的团队。

霍华德·弗洛里

弗洛里带领牛津大学实验团队重新提取了青霉素。不同于弗莱明的是，弗洛里不喜欢引起媒体注意。

亚历山大·弗莱明

弗莱明是伦敦圣玛丽医院的一位细菌学家。他的第一个重要发现是鼻腔中的黏液有温和的抗菌作用。这项工作使他发现了在发霉的培养基里潜藏的秘密。

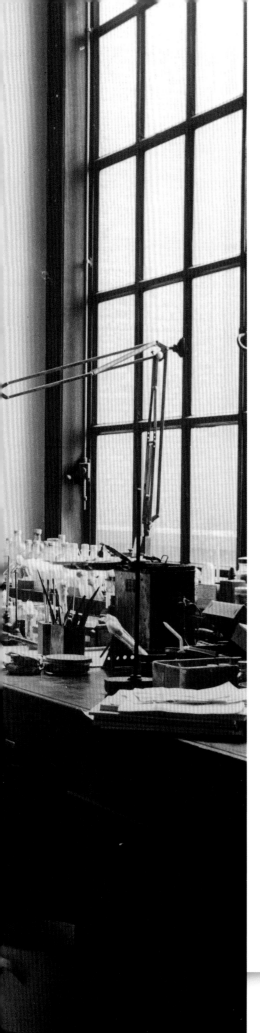

新来源

　　弗洛里和柴恩只有很少量的青霉素，他们不得不从病人的尿液中提取青霉素再重新给病人注射。弗洛里发现，很难从特异青霉中提取足量的青霉素，于是他开始在世界范围内寻找一种更高产的菌株。终于在1943年，一个实验室工人从当地市场带回来一个发霉的甜瓜。这成了接下来的10年中大多数青霉素的制造来源。

制作抗生素

　　弗洛里和柴恩对青霉素的提取实验成功，帮助他们成功游说了一些公司大规模生产青霉素。

属于全世界的青霉素

　　最初，青霉素生产是由美国公司主导的，但不久这项技术为其他国家所使用，帮助解决了青霉素的供应紧张问题。

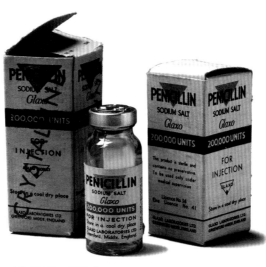

荣誉和预言

　　1945年，弗莱明、弗洛里和柴恩因其研究成果被授予诺贝尔奖。弗莱明就抗生素抗药性问题的预测发表演讲——细菌若处于很小且未达到致死剂量的药物环境中会产生抗药性，但是，当时却没什么人关注弗莱明的这一警告。

军队需求

　　第一批青霉素被直接运送到第二次世界大战的战场上用于治疗受伤的士兵。这种"神奇的药物"大大减少了因伤口感染导致死亡的伤员，青霉素从此成了一个家喻户晓的名字。

爱德华·詹纳

天花曾是一种常见病，大部分患者会死亡，而幸存者则会留下可怕的疤痕。1796年，爱德华·詹纳发现如果给人们接种症状轻微的牛痘，就可预防天花。他称这种技术为疫苗接种。一个世纪以后，路易斯·巴斯德研究出预防其他疾病的疫苗。这是人类与病魔抗争史上的一个里程碑式的进步。自此以后，更多治疗严重疾病的疫苗被研制出来，挽救了数以万计的生命。

牛痘病毒仍用于制作天花疫苗

测试

詹纳的工作十分出色。在那个时代，人们还不知道像病毒和细菌这样的微生物可以致病。身为医生的詹纳发现患牛痘的挤奶女工对天花免疫。他给一个8岁的男孩接种牛痘以验证他的理论。两个月后，詹纳把天花病人的脓液转移到男孩胳膊的切口上，男孩并没有感染天花。

金属注射器通常用于给动物接种疫苗，给人类接种疫苗时大都会用小一点的一次性注射针头或针筒

接种疫苗的方式不同——许多是通过注射，也有一些是口服

每年，疫苗接种可以挽救超过200万个生命

研制疫苗

1879年，巴斯德开始尝试用其他细菌的低毒形式研制疫苗。他将炭疽杆菌加热以减轻它们的毒性，再将已被破坏的细菌注射进动物体内。随后，他给动物注射真正的炭疽杆菌时，那些动物活了下来。如今，疫苗生产仍利用巴斯德的方法，由死亡的微生物或弱毒微生物制成。

疫苗接种

与疾病抗争

巴斯德的创举促进了更多疫苗的开发。如破伤风、狂犬病、麻疹、脊髓灰质炎和白喉等常见病，现在都可以通过接种疫苗而得到控制和预防。科学家正致力于研制新的疫苗以对抗引起特定癌症的病毒。

疫苗接种是一种快捷、简单、价格低廉的预防疾病的方法

活塞将液体通过针头推出

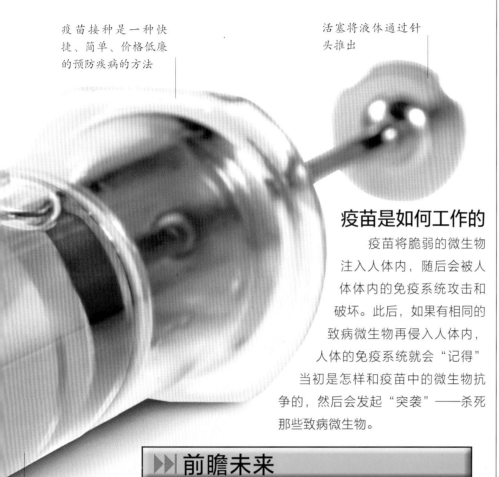

疫苗是如何工作的

疫苗将脆弱的微生物注入人体内，随后会被人体体内的免疫系统攻击和破坏。此后，如果有相同的致病微生物再侵入人体内，人体的免疫系统就会"记得"当初是怎样和疫苗中的微生物抗争的，然后会发起"突袭"——杀死那些致病微生物。

疫苗是一种生物制品，它的储存和使用都有一定的条件限制

▶▶ 前瞻未来

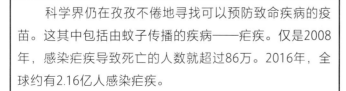

科学界仍在孜孜不倦地寻找可以预防致命疾病的疫苗。这其中包括由蚊子传播的疾病——疟疾。仅是2008年，感染疟疾导致死亡的人数就超过86万。2016年，全球约有2.16亿人感染疟疾。

医学界的里程碑

疫苗接种让科学家和医生对免疫系统有了更深刻的认知，也帮助他们更好地了解了疫苗是怎样毁坏侵入体内的微生物和病毒的。

大范围的保护措施

疫苗接种防止病毒蔓延，既可以保护个体又可以保护整个团体。给儿童大范围接种疫苗已经成为许多国家保护儿童的必备程序。

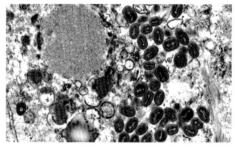

天花的终结

最后一个因天花致死的病例发生在1977年。在那之后，世界卫生组织实施了一个大型的疫苗接种计划。

器官移植

免疫学（研究免疫系统的科学）使得器官移植成为可能。医生可以阻止接受者因新植入器官而出现排异反应。

相关：抗生素　见第8页；显微镜　见第14页

显微镜

显微镜可以使人们看到肉眼看不到的细节。这能让我们深入了解事物的结构以及它们是如何工作的，因此显微镜是最实用的科学仪器之一。这个16世纪的发明使人类发现了细胞和微生物，并由此解开了许多关于生命、死亡和疾病的谜团。

从眼镜到奇观

16世纪90年代，放大透镜在眼镜制作中得到了广泛使用。因此，当一个眼镜制造商发明了复式显微镜在当时看来并不新奇。汉斯·詹森和他的儿子扎卡里亚斯发现如果一个镜片能够将事物放大一点儿，那么两个镜片就能放大得更多。复式显微镜用不止一块镜片来放大图像，使其更加清晰。

罗伯特·胡克（上）和安东尼·列文虎克在17世纪就开始了他们以显微镜为基础的研究。

酷炫科学

当前，扫描电子显微镜利用磁铁让一束微小的负电粒子——电子，在被检查物体上移动。样本上的电子撞松后被探测器拾起，再将数据输入显示器中。

快速移动的电子束被射入显微镜内

相当于于透镜，将电子束聚焦在标本上

磁线圈的作用

信号呈现在显示器上

从标本上反射出去的电子被收集并转换成信号

电子束射向标本，标本上的次级电子发散开来

显微镜的镜筒由一个金属支架固定

胡克的复式显微镜有三片透镜，目镜在最顶端

镜筒由木头制成，外面包着一层薄皮革

胡克在镜筒里加了第三片透镜来增大标本的可视区

光线和透镜

透镜是表面有弧度的玻璃片，它可以使光线弯曲。詹森父子将两片透镜固定在镜筒的两端，做成了一个显微镜。通过它，物体可以被放大10倍。17世纪70年代，安东尼·列文虎克做出了可以将物体放大275倍的单透镜显微镜。

目前，世界上最厉害的显微镜可以将物体放大上亿倍，甚至可以显示单个原子

胡克绘制的是树中软木的切片。它显示了植物是由微小结构组成，胡克称这种结构为细胞。

这个螺丝用来聚焦图像

镜筒可以用来调整角度

球窝接头

样本固定在这根针上，并用油灯来照明

有放大作用的透镜安装在"鼻口部"

微观世界

罗伯特·胡克利用复式显微镜观察了上千种物体和生物。1665年，他出版了一本叫作《显微图谱》的畅销书。书中载满了他看到的新奇细节的插图。胡克最重要的发现是细胞——组成动植物的最基本单位。

现代显微镜

电子显微镜于20世纪30年代被发明出来，它的分辨率远高于当时其他型的显微镜，使得科学家首次看到了原子。最新型的显微镜可以显示标本的物理属性和化学属性。

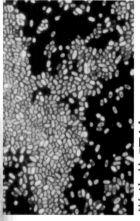

微生物理论

200年之后，路易斯·巴斯德利用显微镜来研究病动物身上的细菌。他提出的微生物引发疾病的理论给医学带来了革命性的发展。

列文虎克的显微镜

1676年，列文虎克利用他的简易显微镜来研究从他牙齿上刮下的牙菌斑。他惊奇地看到有十分微小的"动物"走来走去。就这样，他发现了微生物。

神奇的发现

更好的透镜意味着显微镜有更强大的功能。随着显微镜的不断发展，科学家进一步探究物质的细节。他们的发现对于自然科学和医学的发展都是至关重要的。

相关： 疫苗接种 见第12页；哈勃空间望远镜 见第176页

1895年，X射线的意外发现震惊了世界，也改变了科学、工业和医学的发展进程。包括居里夫人在内的物理学家开始向新的领域探索，促成了射线被发现。在工业领域，工程师开始用X射线排查机器和材料的故障；在医学领域，医生不开刀也能看到病人身体内部。X射线现在已被全世界广泛使用，用它来检测骨折、蛀牙、吞食的物体甚至肿瘤。

发现未知

当威廉·伦琴在阴极射线管中研究射线时，他发现了一道神秘的绿光。他意识到这种未知的隐形射线已经穿透纸板障碍并形成一片荧光。

▍◀ 灵感的火花

19世纪中期，科学家用抽出玻璃管中空气的方法研究阴极射线。到了19世纪70年代，科学家威廉·克鲁克发明了一种更先进的阴极射线管，推动物理学实现了惊人的突破。克鲁克管用来研究电子、等离子体、X射线和射线，甚至推动了第一台电视机的诞生。

X射线如普通光线曝光感光胶片那样，当射线强度更大时，胶片的阴影越深

X射线比光的能量更强，所以它们能穿过不同物质

与光和无线电波一样，X射线也是一种电磁辐射

当遇到不能穿越的物体（如金属首饰）时，X射线会留下物体的轮廓或形状

X射线

穿透力

伦琴十分兴奋地对新射线做了实验。他发现这种射线可以穿过许多物体。他将妻子的手放在射线与摄像底片中，神奇的事情发生了——伦琴发现了可以照出人体骨骼的方法。

骨骼阻挡了X射线，在胶片上反映为白色阴影，帮助医生诊断是否发生了骨折

更多条X射线可穿过像肉一类的软组织，所以它们在胶片上呈灰色

看不到的危险

1927年，科学家意识到辐射会杀死细胞并导致癌症。医生开始使用防护物品并减小剂量以保护自己和病患。辐射也可以被用来治疗疾病，如用X光射线杀死癌细胞。

X射线中的"X"是一个数学符号，意思是"未知的"

看到内部

X射线能帮助我们看到物体内部的危险、障碍和难以分离的部分——从人体到煤气管道，还有复杂的电子仪器。

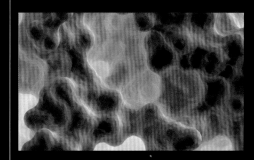

探测蛋白质

X射线图可以显示微分子的结构，例如上图这种流感病毒。它可以帮助科学家研制出有效的药物。

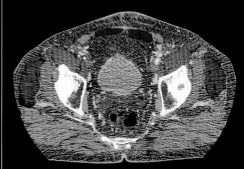

观察骨盆

CT扫描仪用多路移动X射线从各个角度扫描人体，然后计算机建立详细图像帮助医生找到人体中的病变组织。

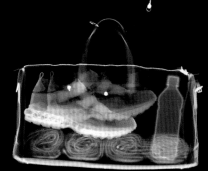

抓捕罪犯

X射线是一种快速便捷的扫描包和行李的好方法。它对于任何像机场一样需要安全和效率的地方都很重要。

相关：DNA 见第18页；放射性 见第22页；电视 见第82页

弗朗西斯·克里克和
詹姆斯·沃森

人类总是很好奇到底是什么决定了生物的性状，以及这些信息是怎样代代相传的。破译DNA和遗传学成了20世纪最伟大的科学成就之一。

◀◀ 灵感的火花

19世纪60年代，奥地利修道士、科学家格雷戈尔·孟德尔用豌豆植株做实验。他发现了植物的一些遗传特征，例如花的颜色，是由两个遗传因素决定的，分别来自父本和母本。今天，我们称这种遗传因素为基因。

信息载体

基因的载体是在细胞核中发现的染色体。直到20世纪40年代，科学家发现染色体是由长链状紧密螺旋的脱氧核糖核酸（DNA）组成。

四个字母代表了不同的化学物质，这种化学物质被称为碱基，图中已用四种不同颜色标出

DNA像一组密码一样是由简单的四个字母组成的，指示细胞制造出特定的蛋白

DNA是什么？

1953年，科学家詹姆斯·沃森和弗朗西斯·克里克发现了DNA的结构，最终解释了基因是如何携带信息的。每个基因都是DNA的一个片段，它告诉细胞如何制造特异性蛋白。人类、动物和植物都需要许多不同种类的蛋白维持生命和生长。

DNA（脱氧核糖核酸）

碱基对像梯子上的阶梯一样，将两条DNA链连接在一起

DNA分子是由缠绕在一起的两股长链组成

"脊柱"和它的碱基构成一条链

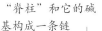

由碳、氢、氧和磷构成的"脊柱"随碱基聚合在一起成一条长链

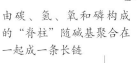

遗传学

遗传学是对DNA中的遗传因素进行研究的科学。基因对我们的影响无处不在，从我们的外貌和行为，到随着我们年龄的增长有可能罹患的疾病。研究DNA能帮助我们了解为什么一些细胞无法正常工作，这可以帮助我们在未来治愈许多疾病。遗传学也是DNA指纹和基因工程（改变生物体的DNA能赋予它有用的新特征）的基础。

人体单个细胞里的DNA伸展开来大约有2米长

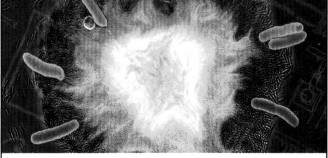
相关：抗生素　见第8页；X射线　见第16页

沃森和克里克

发现DNA结构的竞赛是科学史上最激动人心的故事之一。20世纪50年代，剑桥大学科学家沃森和克里克首次发现了这种简单的化学物质是怎样将整个生物有机体在比一粒灰尘还小的细胞里建立起来的。

竞争团队

在英国剑桥大学，沃森与克里克一起致力于破解DNA结构的奥秘。在伦敦，科学家莫里斯·威尔金斯和罗莎琳德·富兰克林也在努力破解，最终赢沃森与克里克一筹。1951年，沃森去伦敦国王学院听讲座时还曾看过富兰克林拍摄的DNA分子的X射线照片。

大难题

为了研究出DNA是怎样组合的，沃森（左）和克里克建立了一个DNA的3D模型。

混淆视听

富兰克林是使用X射线影像来揭示分子结构的专家。她的图片显示这些分子有某种螺旋结构和一个"脊柱"。回到剑桥大学，沃森和克里克尝试着建立一个三重螺旋模型连接DNA的三条链，但结果证明他们的想法是错误的。

" 我们发现了 生命的秘密！"

——弗朗西斯·克里克，1953年

罗莎琳德·富兰克林

富兰克林离她自己发现DNA结构已经很近了。但她于1958年沃森、克里克和威尔金斯获得诺贝尔奖之前去世了。

突破

在1952年，富兰克林拍摄了一组更好的有关DNA结构的X射线图。威尔金斯在未经富兰克林同意的情况下把照片拿给了沃森。沃森发现照片中显示一个分子只有两条链，是个双螺旋结构。沃森和克里克将他们所收集到的信息集合在一起，开始尝试着建立双螺旋的DNA分子模型。1953年春天，他们终于成功了。

第51号图片

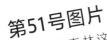

富兰克林这张著名的有关DNA结构的 X射线图又称"第51号图片"。图中呈黑色条纹的字母"X"显示出X射线已经穿过了一个螺旋。字母"X"每个分支末端逐渐消失的条纹揭示一个螺旋是由两个DNA链组成。

莫里斯·威尔金斯

富兰克林拒绝将她的发现公之于众，除非能证明她的论点是正确的，威尔金斯对此感到非常气恼。这就是为什么威尔金斯向沃森出示"第51号图片"帮助他理解的原因。右图是威尔金斯和一个详细的DNA模型。

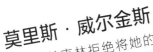

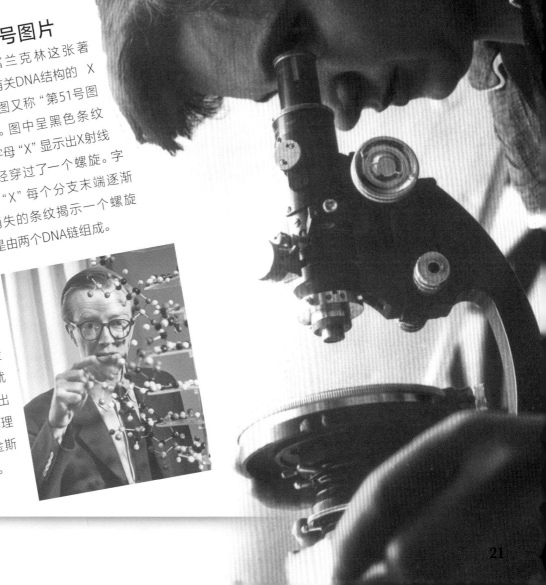

当19世纪的科学家探索原子的性质时，他们发现有些物质具有非常特殊的性能。这些放射性物质能发射出微小粒子和射线等形式的能量，这些科研成果促进了医学界和科学研究的巨大进步。我们已经知道如何将储存在原子中的巨大核能释放出来。虽然核能能造成破坏性的后果，但它现在供应着全世界1/6的用电量。它不释放导致全球气候变暖的温室气体，只使用在遍布世界的岩石中可找到的燃料。

燃料棒含有铀燃料芯块

把燃料棒束放进反应堆里，它可以提供3~4年的能量

放射性元素

1896年，法国物理学家亨利·贝克勒尔发现金属铀会释放射线。不久，其他天然放射性元素（含同一种原子的物质）相继被发现。在当今的核反应堆里，我们也可以将一些元素变得具有放射性。久而久之，这些元素都会逐渐地转变成不同的化学元素。

这个核电站位于法国，它的发电量巨大

一个如葡萄粒大小的铀燃料芯块所含能量相当于三桶半石油的能量

居里夫妇

法国科学家玛丽·居里和皮埃尔·居里对贝克勒尔发现的神秘射线很感兴趣。1898年，他们发现了2种可以放出射线的新元素。居里夫人意识到放射线来自于这些元素的原子，她将这种属性称为放射性。1903年，居里夫妇和贝克勒尔一同获得了诺贝尔奖，居里夫人也成为首位获得诺贝尔奖的女科学家。

放射性

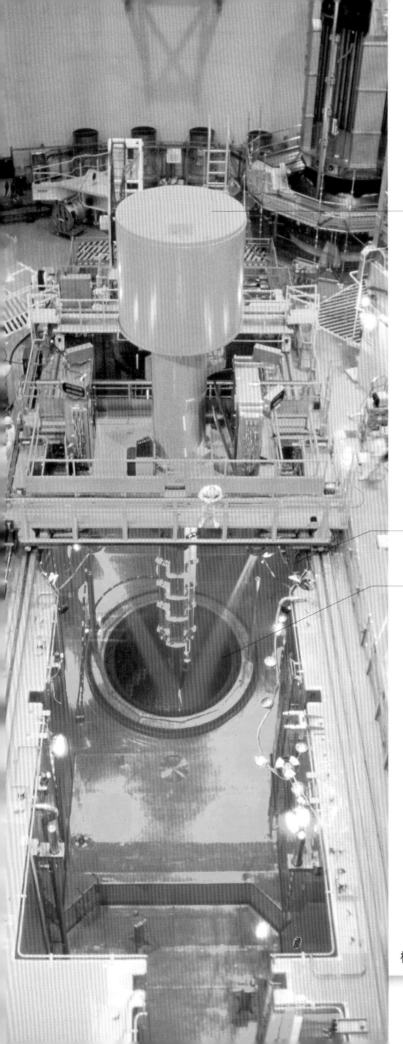

核能

　　放射性原子具有不稳定性。用比它们更小的粒子——中子来轰击它们，可使原子分裂，这个过程叫作核裂变。在核裂变的过程中将会释放大量的热能和辐射。核反应堆利用这个原理产生蒸汽来发电。

高能辐射是致命的，所以核电站操作工利用机器来处理燃料

放射性的广泛应用

　　即使是微量的辐射我们也可以检测到。医生使用放射性元素追踪人体内化学药品经过的路线，这样就能了解病患的身体状况并诊断疾病。控制使用剂量的高能辐射还能杀死癌细胞。在工业上，放射性元素和灵敏探测器用来检查纸和保鲜膜这类物质的厚度。科学家还研制出放射性示踪剂，应用于油田开发等领域。天然放射性元素放出的射线量还能告诉我们远古植物和动物残骸的年龄。

水发出的蓝光显示着核反应的强度

铀原子的分裂发生在反应堆的核心

▶▶前瞻未来

　　含铀的岩石可以从矿山中采到（左图），可是采矿会使土地和水受到放射性废弃物的污染，也会对生物造成伤害。科学家正在寻找清理这种废弃物的方法。其中一种可行的方法是利用一种细菌"吃掉"放射性铀，使其变得更安全。

相关：X射线　见第16页；太阳能板　见第86页

最初被水手、士兵和探险家使用的马口铁罐头直到今天还在作为提供救生补给使用。自从20世纪20年代开始，它们在大多数家庭中已经变成了重要的、方便的、可长期贮存食物的容器。从最便宜的番茄酱到最上等的鱼子酱，几乎所有食物都可以罐装。由于它容易回收，也不需要冷藏，罐头也被认为是最环保的储存食物的方法之一。这意味着人们可能在之后的几百年时间里仍会使用它。

第一只马口铁罐头

1810年，英国人彼得·杜兰德将金属片浸入熔化的锡中，用烙铁将它们焊接在一起。1812年，第一家罐头工厂在伦敦附近建成。到了1815年，滑铁卢战役中的英国士兵们已经吃罐装食物了。

1813年，一盒肉罐头需花费一个工人一周收入的1/3

初期的低效率

罐头刚刚出现的很长一段时间内，罐头的生产效率很低。技艺娴熟的铁匠每小时只能手工制作6个罐头，这些罐头制成之后，还要再煮至少5小时。到了1846年，机器可以每小时制造60个罐头。今天，机械化生产可以每分钟制造1 000个罐头，而且我们现在用高压、高温很快就能煮好罐头中的食物。

马口铁罐头

18世纪，战场上有很多士兵死于饥饿。于是，法国政府宣布：谁能找出新的保存食物方法将得到一笔奖金。1810年，尼古拉·阿佩尔赢得了这份奖励——他花了14年的时间终于找到了可行的方法，即将煮沸的食物密封在玻璃广口瓶里。

肉汤罐头，1899年

早期罐头都是铁制的，而现在的食品罐大多是钢制的，饮料罐则大多是铝制的

工人们将矩形金属卷成圆柱形——现在有些罐头仍旧用这种方法制作

薄锡层用来防止里面生锈

铁匠用木槌敲打罐头边儿，然后将罐头末端焊接起来形成圆柱

防止腐败

多年来，人们时常食用罐装食物却并不知道其加工工序。19世纪50年代，路易斯·巴斯德指出煮沸食物能杀死导致食物发霉腐烂的细菌和霉菌。密封罐头可以阻止更多活的微生物接触到食物。

有年头的鸡肉

赖斯·莱利在他2006年的金婚纪念日打开了一罐50年前的鸡肉罐头——那是他结婚时收到的礼物，而里面的鸡肉还是那么好吃！食品使用期限通常是两年，但如果密封得当，罐头食品也许永远不会变质。

小孔，用于排出食物在煮沸时产生的空气，最后会被焊封上

在1858年以兹拉·沃纳发明开罐器以前，人们需要用锤子和凿刀才能打开罐头

这罐肉汤是给在布尔战争（1899—1902年）中的士兵做牛肉浓汤用的

早期的罐头外壳比现代的厚，而且通常比里面装的食物还要重

铁匠用铅焊料（一种熔化的金属混合物）密封罐头，当时并没有意识到铅有毒

保存食物

人类自远古时代以来就在尝试着保存食物。这就意味着要么杀死细菌和霉菌，要么阻止它们生长。

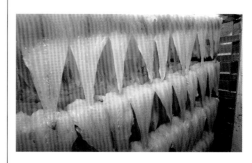

传统的做法

古埃及人发现将水果放在阳光下晒干能使它们保存得更久。几个世纪以来，我们也熏制或腌制肉和鱼，还用醋腌食物。

冷冻

微生物在冻结温度下不能活动，一些还会死亡。冷冻食品在寒冷地区以外的地方并不常见，直到发明了冰箱。

冷冻干燥技术

这种方法是在不破坏食物结构的基础上将冷冻食物进行干燥处理。就算过了很多年，加水还是能使其恢复原状。

相关：显微镜　见第14页；冰箱　见第58页

大部分现代建筑是由混凝土建成的，混凝土便宜、耐磨、坚固耐用，还不可燃。几乎所有混凝土都是由硅酸盐水泥制成。水泥是大部分土木工程结构的重要原料，如公路、桥梁和下水道。我们也用它做灰浆，给墙刷灰泥和砌砖。古代文明用天然水泥，但硅酸盐水泥因其始终如一的坚固和易于生产的特点而得到了广泛应用。

混凝土是地球上继水之后，用途最广的物质之一

大部分混凝土和沙浆混合物的含沙率比水泥的高两倍多

含有大约10%混凝土的水泥，把沙子和碎石胶结在一起

混凝土变硬是因为水泥和水之间发生了一种叫作"固化"的化学反应

碎石增加混凝土的体积和强度，但在做灰浆的时候就不需要它了

纤维和一些化学物质可以使混凝土更加坚固

追求财富的人

19世纪早期，工厂生产由石灰石和黏土组成的天然水泥，但是水泥的质量会因在地上找到的矿物的不同而良莠不齐。很多人试图靠人造水泥发财，然而没人真正懂混凝土化学，他们只得反复试验不断摸索。

波特兰水泥（硅酸盐水泥）

为浇注混凝土，建筑工人会把混合好的水泥、沙子、碎石和水倒进被称为模板的模子里

厨房中的成功

1824年，英国砖瓦匠约瑟夫·阿斯普丁在自家厨房里将碾碎的带有黏土的石灰石点燃，然后将其磨成粉末。他研究出了人造水泥的制作方法，这种水泥与水反应会变得更坚固。灰色混凝土看起来像高品质的波特兰石，所以他称之为波特兰水泥。

建造桥梁时，缆绳用来支撑新混凝土

从长处到强度

阿斯普丁的儿子威廉经营着波特兰水泥工厂，他对原料进行了优化，并用更高的温度获取混凝土。法国园丁约瑟夫·莫尼耶于1867年获得了钢筋混凝土的专利。他发明的含有钢筋网的混凝土花盆为今天巨型钢筋混凝土结构奠定了基础。

弯曲的形状帮助桥体承载更多重量

这些是现场浇注的，但混凝土块通常在工厂浇注预制

如果没有这些钢筋，这条645米长的桥就会倒塌

早期的混凝土

远古时期，许多人用泥或粪便作为天然水泥。一些人也会就地取材制造持久耐用的混凝土。

"蘸上"混凝土的金字塔

如今大多数科学家都认同这样的观点：相比将巨型石块拖到金字塔顶，古埃及人很可能在适当的位置用掺黏土的混凝土铸造了一些石块。

古罗马混凝土

罗马人利用火山灰来制造坚固的混凝土。他们在混凝土中加入血、牛奶和马鬃以改变其性能。

◀◀ 灵感的火花

1756—1759年，约翰·斯米顿在英国海岸建造了一座石头灯塔。他注意到不同于普通的由石灰石和沙子组成的灰浆，这种同样含有高比重黏土的灰浆在水中能变得更坚固，也更能承受海浪的撞击。后来，人们为了纪念这座灯塔，就在陆地上以这座灯塔为模型制作了一座纪念碑（左图）。

相关：不锈钢 见第32页

胡佛水坝

胡佛水坝建于20世纪30年代美国经济大萧条时期，这座大坝至今仍旧是有史以来最令人印象深刻的土木工程之一。在布莱克峡谷为科罗拉多河筑坝动用了大约200名工程师和2万名建筑工人。他们浇注的混凝土足够建造一条1.2米宽的可以环绕地球赤道的道路。

露营拉敦

就在大坝开始施工的前几个月，成千上万的人来到这里找工作。他们拖家带口，但兜里都没什么钱。这些家庭在一个他们称之为拉敦的地方支起了帐篷，那里条件十分恶劣，既干燥又荒芜。恶劣环境导致疾病蔓延，在1931年炎热的6、7月里，25人死于高温。政府在接下来的一年建立了博尔德城，用来安置工人及其家属，直到1936年大坝完工。

"搬火药的""捣泥的"和高空作业的

建大坝的工作异常艰难，有96名筑坝工人在事故中丧生。工人们分工明确：搬火药的人负责引爆炸药；捣泥的人负责将新制的混凝土铺开；而高空作业者的工作是最危险的，他们需要拴着绳子沿着悬崖往下搬运岩石。

大砖块

筑坝工人建造木制模板来浇注超过200个巨大的钢筋混凝土块。这些像巨型建筑砖的连接物组成了大坝。这些砖被强力混凝土和水糨糊黏在一起。

> **来到大坝跟前，就像任何一个亲眼看到这个人类壮举的人一样，我被彻底征服了。**
>
> ——美国前总统
> 富兰克林·德拉诺·罗斯福，1935年

新景观

当时，几乎每年春天科罗拉多河都会发洪水，而到了夏季，水流放缓，流量减少。农民没有足够的水浇灌农作物，所以大部分地区都是未开垦的荒地。胡佛水坝改变了博尔德周边的景观。现在，它可以稳定地为美国4个州供水，为130万人供电。

驯服河水

在科罗拉多河上游（右图），水流仍旧湍急和不可预测。在博尔德，大坝阻挡了水流，创造了一个巨大的被称为米德湖的人工蓄水池（下图）。为了建造大坝，工人们不得不将河水分流避开施工现场。他们修建临时大坝，并在峡谷岩石间爆破隧道。

产生能量

水力发电厂坐落在大坝的底部。水流涌入密德湖隧道，推动大型涡轮机叶轮每分钟旋转180圈。涡旋机经由轴（左图）连接发电机发电。17个发电机组可发电量为2 080兆瓦时。

巨人的吸引力

弧形的胡佛大坝坝底宽约200米，高约220米，每年超过700万名游客来此观光。大坝底部有一半埋在深水中，由于混凝土十分厚实，所以可能再经过上百年也一样坚不可摧。

比玻璃轻很多，几乎不会被摔碎——塑料瓶显然是个非常实用的发明。很多人不知道，其实要为汽水做一个瓶子出乎意料的困难。纳撒尼尔·韦恩设计的瓶子首先由20世纪70年代的百事可乐使用。现在我们用它装各种东西，比如花生酱和化妆品。与大部分塑料不同的是，聚对苯二甲酸乙二醇酯（PET）可以回收，所以它变得越来越流行。

瓶盖通常由不同种塑料制成，且通常不能回收

在非洲，一些人只用PET瓶子和强烈日晒来保障饮水安全

一个好奇心强的人

韦恩是美国杜邦公司的一名工程师。有一天工作的时候，同事跟他说塑料瓶不能装汽水。那天晚上，韦恩将装有姜味汽水的塑料瓶放进冰箱。第二天，由于塑料瓶太薄不能承受压力而膨胀变形了。于是，韦恩决定设计一个承压能力更强的瓶子。

现在大部分水瓶都是用PET制成

棱纹的设计是为了让瓶子更坚固，这样可以用更少的塑料制出更细的瓶身

藏在模子里

塑料的分子是细长链的。韦恩的想法是将这些链拉伸排列在一起——一种让尼龙线更结实的技术。韦恩将空气喷射在不同形状的模子里拉伸热塑料。在上千次塑料变成不成形的小圆块后，韦恩发现有一个模子是空的。他近距离查看模子的各个面，找到了他做出的第一个塑料瓶。

◀◀ 灵感的火花

1907年，比利时化学家利奥·贝克兰率先制造出了合成塑料——电木，在20世纪20年代，电木变成一种时尚，被广泛用在灯、电话和珠宝的制作上。PFT作为聚酯的一种，于1941年诞生。

不同于这个现代PET瓶，早期的PET瓶有一个圆底，如果没有单独的塑料底座，瓶子就立不起来

PET瓶

由于瓶子的顶端需要更结实，所以用的塑料较厚

PET通常是清透的，但盛放光敏液体如啤酒时，可以着色

PET瓶不仅印有回收标志，还印有"PET"或"PETE"和数字"1"的标志

回收能节省很多资源

完美塑料

韦恩为他设计的瓶子测试了不同种塑料，他最终选定通常用于制作合成布和地毯的PET材料。PET坚固、重量轻、造价便宜，此外，PET还不漏气，所以用它装的汽水气都很足。

虽然PET很便宜，但瓶装水造价的90%还是花在了瓶身上

回收的PET

PET来自石油，需要几个世纪的时间才能降解，但韦恩并没有真正考虑它对环境的影响。幸运的是，它很容易回收再利用。1977年，第一个回收瓶成为新的百事可乐瓶。现在，PET已经成为世界上回收利用率最高的塑料。

成堆的旧塑料

PET回收首先要将瓶子分类，然后再将其挤压捆成一大捆。把这些送到回收厂，机器会将它们磨成小碎片。塑料碎片在清洗之后会被卖到塑料加工厂。

许许多多的用途

用PET瓶子回收再利用制成的日常生活用品数不胜数。大部分变成涤纶用作地毯和毛衣的原料。我们同样可用它们做鞋、腰带、包、玩具、绳子、容器、汽车零件，还有越来越多的新瓶子。

相关：马口铁罐头　见第24页；尼龙　见第44页

不锈钢

英国人亨利·布雷尔利想要发明一种在子弹发射后不会很快磨损的钢材料。令他感到惊异的是，在他众多各式各样的钢样品中有一种不会生锈，它甚至不受柠檬汁和其他酸性物质的侵蚀。与其他钢材不同的是，不锈钢能在大多数环境里保持不变并且不需要特别处理、上色或翻新。它的出现彻底改变了大部分现代工业，包括食品、医学和运输。

不锈的刀具

生活在英国谢菲尔德众多的钢工厂中的布雷尔利意识到他的"不锈钢"在当地刀具业发展中的潜力。1912年，工厂开始用不锈钢制作刀具。在第一次世界大战期间，不锈钢还用于制作战斗机发动机。

美国纽约克莱斯勒大厦

不锈钢让这座建筑成为纽约最令人叹为观止的摩天大楼之一

克莱斯勒大厦的建筑师加了一个55米高的顶尖让克莱斯勒大厦成为当时纽约市最高的建筑

不锈钢受到损坏也不会生锈，因为它会与空气反应形成一层保护膜

不锈钢非常结实，可以抵御风雨

🔆 灵感的火花

人类炼钢已有几千年的历史。1821年，法国采矿工程师皮埃尔·伯希尔注意到加入金属铬可使钢抵御化学侵蚀的能力提高。但是多年来，科学家们没能得到足够多的铬来制造这种不锈钢。

不锈钢的用途

我们中的大多数人每天都能见到不锈钢物品——螺帽螺栓、排气管、炖锅甚至厨房水槽。不锈钢不仅耐用用还很卫生。

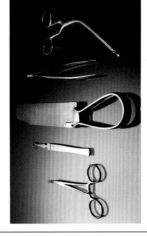

外科器械

医生在外科手术中使用不锈钢器械。尽管重复消毒（煮沸杀死细菌），它们也不会生锈。它们对血液中的化学药物也有抵抗力。

贮藏和运输

不锈钢罐不会产生泄漏问题，即便是装了腐蚀性非常强的（有害的）化学药品，所以我们用不锈钢运送燃料、高浓度酒精饮料，甚至运送家庭垃圾。

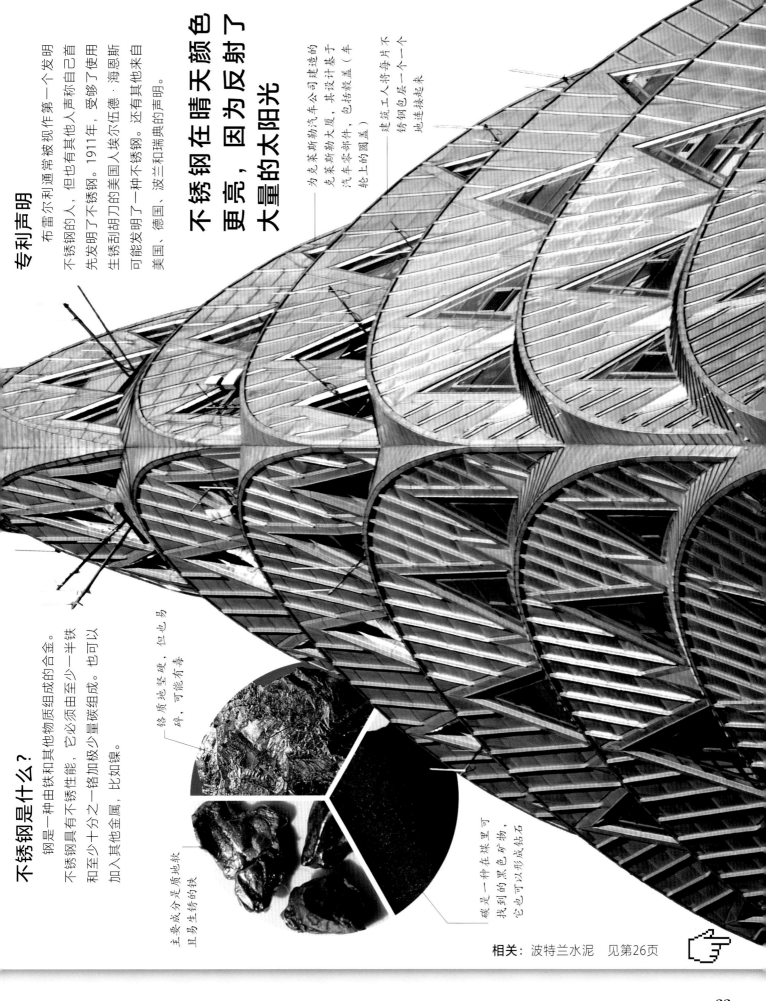

不锈钢是什么？

钢是一种由铁和其他物质组成的合金。

不锈钢具有不锈性能，它必须由至少一半铁和至少十分之一铬加极少量碳组成。也可以加入其他金属，比如镍。

主要成分是质地软且易生锈的铁

铬质地坚硬，但也易碎，可能有毒

碳是一种在煤里可找到的黑色矿物，它也可以形成钻石

专利声明

布雷尔利通常被视作第一个发明不锈钢的人，但也有其他人声称自己首先发明了不锈钢。1911年，受够了使用生锈刮胡刀的美国人埃尔伍德·海恩斯可能发明了一种不锈钢。还有其他声明来自美国、德国、波兰和瑞典的声明。

不锈钢在晴天颜色更亮，因为反射了大量的太阳光

——为克莱斯勒汽车公司建造的克莱斯勒大厦，其设计基于汽车零部件，包括装盖（车轮上的圆盖）

建筑工人将每片不锈钢包层一个一个地连接起来

相关：波特兰水泥 见第26页

当接触器连接在一起时，电就会沿着电报机的电线传递

报务员迅速或缓慢地敲击电键来发送摩尔斯电码

弹簧抬起电键以切断电路

电键的作用就像一个带有电报接收器的大型电路中的开关一样

接收器将电键的电子信号在纸带上转变为点和画线

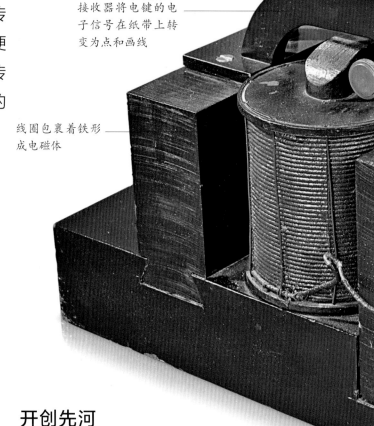

线圈包裹着铁形成电磁体

几千年前，人类用鼓、烟雾、信鸽传递信息。19世纪早期，书信仍是远距离联系最便捷的方法。电报让人们可以通过电线远距离地传递信息，并且不会发生延误的情况。电子通信的出现为电话、手机甚至即时信息开启了先河。

◀◀ 灵感的火花

1794年，法国发明家、工程师克劳德·乔普设计出第一个非电电报网络系统，它穿过法国甚至进到其他国家。带有指针的继电塔用旗语信号（以旗子为基础的符号系统）拼出信息，下一个塔上的人用望远镜可以看到信息。

开创先河

1830年，美国科学家乔瑟夫·亨利发出一股经过1 600多米长电线的电流，敲响了一座钟。他的接收器是一块电磁体。在那之后，很多发明家开始在电磁体的基础上设计电报机并取得了不同程度的成功。在英国，铁路和邮局使用的电报机是由两个英国发明家威廉·库克和查理斯·惠斯通发明的。

电报机

摩尔斯和威尔

在美国，塞缪尔·摩尔斯成功改进了亨利的装置。摩尔斯结束了画家生涯，开始研究实用电报机。1836年，年轻的工程师阿尔弗雷德·威尔发现了摩尔斯简陋的装置并表示可以帮忙改进。于是他们变成了工作伙伴，一起研制出了我们看到的摩尔斯电报机（下图）。

简单智慧

摩尔斯电报能够流行起来主要是由于它操作简单，只需一条电报线就能传递信息，所以电码至关重要。用短的和长的电子信号——点和画线来写信，摩尔斯和威尔创造的摩尔斯电码成了远距离通信的标准语言。

轻金属臂上下移动，使线圈磁化和消磁

抬起金属臂的另一端在直通滚轴的纸带上印出小凹痕

印有摩尔斯电码的纸带从这里出来

发条装置使纸带平稳地移动

电报线传递摩尔斯信号并与线圈相连

摩尔斯电码中最著名的信息就是国际遇险信号：SOS（…———…）

横跨大西洋的电报电缆由"大东方号"协助完成铺设

全球布线

摩尔斯的首条电报线建成于1844年，它连接了美国华盛顿特别行政区和巴尔的摩。20年后，电报线遍及美国和欧洲并很快穿过了大西洋。即使发明了电话，电报业务仍时兴了几十年。最后一封电报发自2006年。

相关：手机　见第134页

谁发明了电话?

苏格兰科学家亚历山大·格雷姆·贝尔因发明了电话而闻名于世,但他并不是第一个通过电线传送声音的人。他发明的电话也称不上完美,其他许多科学家在此基础上进行了改进。许多发明家在贝尔之前就声称自己发明了电话,有一些人还差点儿"打败"他获得了认可。

第一名

1847年,贝尔收到了一笔资金用来研发电报,使之可以在一条电线里传送信息。然而贝尔和他的助手托马斯·沃森与此同时也在实验能否用电线传递声音。1876年2月14日,贝尔在美国申请了电话的专利,在得到制作和销售电话的独占权三天后,贝尔发明的电话才真正可以工作。贝尔为他的专利打了600多场官司——有史以来最有价值的专利辩护,而且他每一场都是胜者。

> **后来,我就对着送话筒喊道:'沃森先生,快来,我想见你!'**
>
> —— 亚历山大·格雷姆·贝尔
> 1876年3月10日

亚历山大·格雷姆·贝尔

贝尔于1847年出生于苏格兰,他的母亲是一位失聪人士。在定居美国之前,贝尔还曾移民到加拿大。在美国时,贝尔在教失聪儿童发声的同时也探究声电。贝尔是位多产的发明家,右图中是他和他于1876年画的电话草图。

贝尔的电话

在1877年7月成立贝尔电话公司之后,贝尔开始做讲座宣传他的发明。截至那年年底,他卖掉了3 000部电话。他曾用图中的听筒向英国维多利亚女王讲解这个装置是怎样工作的。

"局外人"

　　安东尼奥·梅乌奇在专利局跟贝尔打了5年官司，但他只支付得起一份阻止其他人申请电话专利的临时合约的费用。一直到1874年才停止支付，那一年，他与贝尔合用的实验室声称他们丢失了他的电话模型。2002年，美国政府认可了梅乌奇对电话的发明做出的贡献。

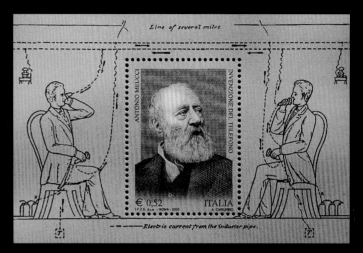

安东尼奥·梅乌奇

　　梅乌奇是一位意大利发明家，于1850年移居美国，他也是电话专利的争议者之一。他的妻子患有风湿病瘫痪在床。1857年，梅乌奇制造了一部电话机，他可以从地下室的工作室中和妻子通话。

终点

　　在与贝尔竞争专利的科学家中间，只有艾利什·格雷选择了和贝尔对簿公堂。他还在1876年2月14日向专利局拿出设计图样，并指控贝尔剽窃了他的构想制造了实用受话器。舆论普遍认为贝尔打赢跟格雷的官司是因为他早到专利局几小时；而且有一个专利局官员签署了一份法律文件，上面说自己曾受贿，将电话的专利权给了贝尔，甚至说他曾拿格雷的设计图纸给贝尔看过。这个官员后来否认了这些事件。

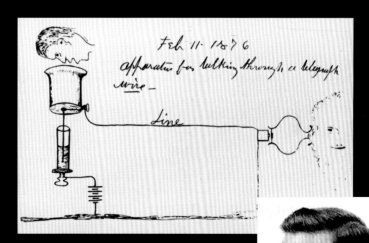

艾利什·格雷

　　艾利什·格雷于1835年生于美国俄亥俄州。他在1872年成立电气公司之前是个木匠兼铁匠。为了他的电话设计（上图），格雷与贝尔打了很长时间官司，结果格雷输了，但他持有70个专利，其中一个就是传真机。

在欧洲核子研究组织（CERN）里， 蒂姆·伯纳斯·李的同事们在许多国家用不同的电脑系统工作。蒂姆建立了万维网，好让同事们能分享科学信息。根据国际电信联盟的报道，截至2016年底，全世界约有一半的人口可以通过互联网——连接着的电脑组成的网络系统——查看数十亿个网页。这完全改变了商业、文化、政治、购物甚至我们的社交方式。

一个模糊但是令人兴奋的计划

1989年，年仅24岁的蒂姆·伯纳斯·李提出储存在中央"网络服务器"的信息可被在网络（连接的）计算机上使用简单点击系统的人们浏览，即超文本。蒂姆的老板在这份建议上写下了"模糊但令人兴奋"几个字并同意了这个项目。坐在这台NEXT电脑前，伯纳斯·李将他的构想付诸实践。他为写网页建立了HTML（超文本标记语言），HTTP（超文本传输协议）是服务器与浏览器间的通信协议，还有第一个浏览程序被简单地称之为万维网。

每个互联网使用者每月平均浏览超过一千个网页

万维网

因特网

1991年，欧洲核子研究组织首次使用网络，但是它的网络也通过一个叫因特网的网络连接着其他机构。很快，其他连接到因特网的机构也建立了网络服务器。1993年，欧洲核子研究组织开始免费提供万维网开发工具。6个月后，有200个万维网服务器建立起来，且因特网本身也已经开始壮大。

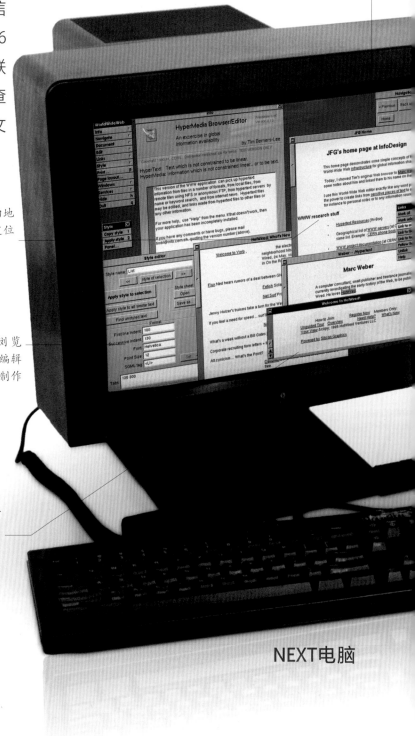

伯纳斯·李在黑白屏上工作

每一页都有它自己的地址，称为统一资源定位符（URL）

首个万维网浏览器，同时也是编辑器，人们可以制作自己的网页

点击超链接让浏览器指向另一个网址

NEXT电脑

简便的浏览器

最初的万维网浏览器是黑白的，并且只能在NEXT电脑上使用，但很快，其他版本的浏览器也开发出来了。Mosaic浏览器首先受到大众欢迎，虽然它的速度很慢，但它已经有声音、视频和书签了。

酷炫科学

专家将互联网与定位系统相结合，让我们能够在网上提出这样的问题："我在哪儿可以吃午餐？"通过定位系统确定我们的方位，通过网络大数据判断我们的饮食喜好，这样，网络就可以为我们推荐用餐地点。

这台被称为"立方"的NEXT电脑是世界上第一台网络服务器

"立方"曾将所有网页和档案都储存在万维网上

通过电话线或电缆相连的电脑可以浏览网页

贴纸要求人们不要关掉电脑，因为一旦关掉就连不上网络了

NEXT电脑性能极佳但是很贵

电脑有可装卸的光盘而不是一个固定的硬盘驱动器

崭新的世界

早期的网络是为了共享信息，但随着1995年Amazon投入市场，它也变成了一个商业平台。整个产业只有去适应这种改变，所以即使在宽带、移动互联网和数不清的像博客这样的网络革新产物出现以前，我们的世界已经永远地改变了。

网络是怎样改变我们的生活方式的

网络使得做一些事情变得更加容易，它很快改变了人们的生活习惯。习惯上网的人很难忍受没有网络的生活。

网络购物

我们通常可以在线以一个最合理的价格找到我们最想买的物品。如果没有网络，我们可能只能购买附近商店卖的东西了。

把答案找出来

遇到问题时，我们习惯询问对方或在书本里找答案。现在的网页涵盖了几乎所有可以想象得到的问题的答案。

与朋友们联网

不管身在何处，我们都可以通过因特网与朋友进行视频或音频聊天，还可以给他们看照片。

相关：微信息处理器　见第92页

以物理学家阿尔伯特·爱因斯坦的理论为基础，激光的发明最初被形容为寻找问题的一个解决方法，但人们很快找到了这种强烈且狭窄的光束的用途。今天，从条码扫描到治疗癌症，从引导导弹到修复毛发，激光已经深入到了我们生活的各个领域。

微波激射器和激光器

为光波调整微波是十分困难的。1954年，查尔斯·汤斯建造了一个微波激射器。这种仪器靠受激发射来放大微波——与光波相似，但波长更长。1957年，汤斯的学生戈登·古尔德开始制造激光器，但疏于对申请专利程序的了解，戈登的研究成果被他人窃取。

科学家们将激光束射向置于月球表面的镜面来计算地球与月球之间的距离

激光闪光管的不同的彩色光束通常有两条或三条激光

激光既明亮又锋利

激光产生相同波长的光波，所以它们是单色

电脑程序可以分析DJ的音乐并制造出与之匹配的激光效果

激光的波峰和波谷是同步的

一个天才的理论

通常我们认为光具有波和粒子双重性质（又称波粒二象性）。普通的白色光是多种有色光混合起来的，每种颜色的光带有不同的波长。这些光波会朝着各个方向杂乱间隔地发射。1917年，爱因斯坦建立有关使用他称为"受激发射"来制作更强光束的理论。更强光束包含拥有完全一样波长，完全同步且射向同一方向的波。

移动的镜面光影使得快闪激光束看上去非常地引人注目

光束只能短时间地投射给观众，因为它们会损害视力

激光

孤独的操作员

曾经有一个制作激光器的比赛，有着大规模的研究团队试着利用不同的材料创造出激光束。最终，西奥多·梅曼在1960年用红宝石晶体独立完成了首个实用激光器的制作。

激光仪可大可小

梅曼的激光仪使用的是红宝石，但也可以使用许多其他的物质。一些激光很细致精准，还有一些则具有相当强大的能量。

光钻

很多牙医现在都开始使用激光而不是钻子来帮患者美白牙齿、重塑牙床和去除蛀牙。外科医生也用激光做眼部和脑部的精细手术。

光工业

聚集的激光可以穿透大部分材料，包括厚金属板。激光可以将不规则的形状切割成精细规则的材料，并且从不需要打磨。

地球的健康检查

科学家利用激光来研究大气并监测温室气体。激光也被用来监测河流的污染。

酷炫科学

光的光子从后面的镜面反弹回来

闪光管缠绕在红宝石晶体上

半透明镜面将大部分光反射回来，但也让一些光从中穿过

弹射的光子激发其他光子的释放，这样光就越变越强

强烈的红色激光束

铝反射圆筒

红宝石激光器的闪光管中发射的白光赋予了红宝石原子额外的能量。一些将额外能量以红光光子的形式释放出来。当光子遇到其他高能量的原子时，它们也会使原子释放能量，光子随之释放能量。光子在两个镜面中来回弹跳，新的激光束加强，最终从半透明的终端显现出来。

相关：条形码 见第122页

液晶显示器（LCD）的发展对我们日益增长的数码生活需求极为重要。这些细长的面板在现代电子机械中被广泛使用。虽然许多人都致力于LCD技术的发展，但直到1967年才产生实质性突破——美国发明家詹姆斯·费加森发现了一种液态的晶体可以阻挡偏振光或允许偏振光通过。现代的LCD可以显示图像、文档和视频，并且它们迅速发展得越来越小巧和精密。

玻璃"三明治"

LCD屏幕是夹在特种玻璃板间的液态晶体层，特种玻璃像太阳镜——能使光偏振。它们更薄、更轻，并且比老式屏幕所使用的庞大阴极射线管耗能更少。

液态晶体成段状，每段都有自己的电力供应

反射光使显示屏呈灰色

电使晶体不让光通过玻璃，所以这些区域是暗的

灵感的火花

液态晶体发现于1888年，但很少有科学家看到它们的价值。直到1964年，人们对液态晶体研究的迎来高潮，乔治·海尔迈尔（上图）和理查德·威廉斯提出利用它们做显示器。于是，4年后LCD屏幕诞生了。

低能显示器

一个黑灰的LCD不需要背光，这使得它对低能的、电池供电的装置来说是最理想的，因其只是周围的光从显示器背面的镜面反弹回来。

LCD（液晶显示器）

液态晶体既不是固体也不是液体，它们是介于两者之间的物态

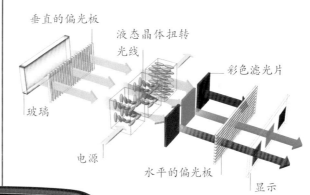

垂直的偏光板

液态晶体扭转光线

彩色滤光片

玻璃

电源

水平的偏光板

显示

光射入一个LCD显示器并经由滤光器使其偏振。当通电时，液态晶体会向着不同方向排开，阻挡光穿过像素，使这些区域发暗。

背光使色彩展示足够的亮度，让我们看清色调和细节

显示器的像素值被称为分辨率

触摸敏感的LCD屏幕对每个人来说都很方便，它们也使语言表达有困难的人更方便交流

像素图像

更为复杂的显示器将液态晶体分成数百万个微型元素（即像素）。屏幕的像素越多，图像越清晰。

每个像素（由红色、蓝色和绿色组成）可以显示超过1 600万种不同颜色

彩色滤光片在每个子像素中覆盖液态晶体

每个子像素都由一个带有256种亮度级的可变电力供应

创造颜色

像素被分成红色、蓝色和绿色子像素，液态晶体控制着每个子像素的亮度。它们太小了，我们的大脑只能看到红色、蓝色和绿色混合成的单一颜色。

相关：电视　见第82页；数码相机　见第106页；太阳镜　见第230页

1935年，美国杜邦化学公司的一种叫作尼龙的新材料获得了专利。到了1938年，由尼龙制成的商品在商店出售，即刻便在顾客中产生了巨大反响。起初，尼龙纤维用于制作牙刷的刷毛。尼龙也取代丝袜中的丝，被制成尼龙袜。今天，尼龙被用在纺织品等各种产品中。硬的尼龙则被用来制作塑料产品，包括塑料管和一些过去常用金属制成的机械构件。

为什么尼龙这么有用？

尼龙之所以被广泛使用，是因为它的强度高、硬度大、耐用、质轻、易清洗、抗划，并且不会被油或各种各样的化学品腐蚀。除此之外，尼龙还很容易染色。

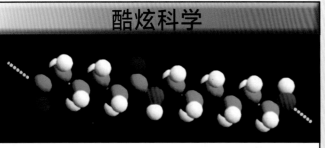

酷炫科学

尼龙是一种聚合物。聚合物是指一条由许多组原子单元构成的长链。尼龙是在实验室制成的，但自然界也有聚合物。在植物细胞壁中发现的纤维素，还有天然橡胶都属于聚合物。

热气球的底部是由防火材料制成的，因为尼龙对热敏感

尼龙

尼龙的缺点

尼龙也有一些缺点。如果它变得太热，就会开始熔化并燃烧，而当它燃烧时会放出有毒气体；它一旦被制造出来就很难降解掉，不像棉和羊毛这样的天然纤维，尼龙被扔掉后不会在土里腐烂。

尼龙是由石油制成，它发展成为丝的代替品，丝是一种制作更为昂贵的材料

热气球织物是由尼龙板缝合在一起制成的

尼龙气球

大多数热气球由尼龙制成。尼龙也已被证明是制作降落伞的极好材料。大多数降落伞是用一种叫防破裂尼龙的织物制成的，特殊的线被编织进材料中防止裂缝散开。

尼龙织物上有一层化学物质使它密封更好并且防水

首次跳伞用的尼龙降落伞是1942年制成的

通用材料

尼龙可被制成不同的形状。这使得它成为制作工业、体育和家用产品的好材料。

管子

尼龙可以被模压和做成不同形状。尼龙管和软管用于汽车发动机中。水管和排水管通常也由尼龙做成。

绳子

尼龙用来制作结实且柔韧性好的绳子。事实上，在通常使用中，尼龙绳索算是最结实的一种绳子，它们被广泛用于登山运动和拉重物。

编织和缝合

尼龙纤维被广泛用于编织或缝合在一起的产品中，包括衣服、地毯、室内装饰品和帐篷。

相关：PET瓶　见第30页；伞　见第208页

华莱士·卡罗瑟斯

尼龙的故事开始于20世纪20年代，杜邦公司设立了一个新的研究中心。公司挑选了一位杰出的年轻学者、化学家华莱士·卡罗瑟斯来负责管理这个研究中心。卡罗瑟斯于1896年4月27日出生于美国爱荷华州，1920年，他在伊利诺伊大学获得了博士学位。他于1926年前往哈佛大学工作，两年后来到了杜邦。

> **尼龙是一种像钢一样结实，像蜘蛛网一样精密，却比天然纤维更有弹性的丝。**
>
> ——杜邦公司副总裁
> 查尔斯·斯坦，1938年

离开哈佛

当卡罗瑟斯在杜邦得到运作他自己的实验室的机会时，他并不确定是否要离开哈佛。在杜邦他可以拥有更多更高质量的研究助理，但在哈佛他可以更自由地研究自己真正感兴趣的东西。杜邦向他保证他可以得到所需的所有支持来开展他的研究。他们还支付他相当于他在哈佛挣的两倍多的薪水。

华莱士·卡罗瑟斯

卡罗瑟斯和他在杜邦的科学家团队将不同的化学物结合在一起，他们尝试了大量的组合，目的是开发出一种新材料。

不幸的人生

遗憾的是，卡罗瑟斯没能活着看到他创造的材料取得的巨大成功。他很少外出并且讨厌做公开演说，尽管他不得不做——因为这是他工作的一部分。他还患上了抑郁症。1936年，卡罗瑟斯与同是杜邦员工的海伦·斯威特曼结婚，但他的抑郁症持续折磨着他，他也因此在医院住了一段时间。1937年4月29日，卡罗瑟斯在他41岁的时候服毒自杀，此时正是第一件尼龙产品向公众出售的前一年。

氯丁橡胶

尼龙并非是卡罗瑟斯在杜邦的实验室研制出的第一种新材料。1930年，研制出的氯丁橡胶是首个成功大批生产的合成橡胶。潜水员穿的潜水服就是由氯丁橡胶做成的。

首个产品

人们可以买到的首个尼龙产品是带有尼龙刷毛的牙刷。在那之前，牙刷的刷毛是用动物毛制成的。

大量生产

尼龙是可以用液态尼龙压入模型的方法生产几千个某一产品的复制品的理想材料。左图中这个杜邦员工被一万把尼龙梳子包围着，这个数字是20世纪50年代一个工人一天就可以制作出来的。

发明于1878年的爆破箱，利用电流引爆雷管

推动活塞向电线传递强大的电流

炸药

炸药是首个能够被人类安全掌控的强大的爆炸物。它改变了建筑业、采矿业和采石业，为通向20世纪爆破出一条庄大道。我们建造地铁、公路还有隧道时需要用到炸药。我们爆破岩石、修建大坝、开采煤矿也需要用到炸药。阿尔弗雷德·诺贝尔的发现激起了人们探索威力更强大的炸药的决心，这也帮助我们发掘了更多的地球资源。

化学杀手

1864年，意大利化学家阿斯卡尼欧·索博雷洛首次制造出液态硝化甘油，这是炸药的重要组成分。它比火药更有威力，但却非常难掌控，即便是最轻微的敲击都能够将其引爆。它导致了许多死亡事故，包括在一次事故中，诺贝尔的弟弟埃米尔不幸丧生。

健康和安全

诺贝尔发明了雷管装置。它可以从远距离引爆硝化甘油爆炸物。而后他发现将硝化甘油与硅藻土混合在一起可以让它使用起来更加安全。诺贝尔将这种混合物称为炸药。

◀▶ 前瞻未来

科学家正在研究新型炸药，好让火在天空绽放得更加灿烂。他们将化学物以最微乎其微的剂量混合在一起，这样使炸药变得更具威力且更加璀璨。

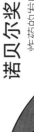

炸药和其他爆炸物

消防队员用炸药为油井灭火

引爆筒的震动使炸药爆炸

导火线的末端连接着雷管，导火线会引发雷管的轻度爆炸

导火线可以让人们在离炸药较远的地方将其引爆，这种炸药需要点燃

炸药中并不必须含有硅藻土，也可以使用锯屑和其他吸收性物质

炸药可被制成管状，再用纸包好确保安全

引爆炸药

炸药十分稳定安全，掉落到地上、击打或燃烧都不会爆炸。但一旦被雷管引爆，则会威力巨大。人类对炸药的需求增长很快，诺贝尔在20个国家里成立了90个制作炸药的工厂。

发明家

阿尔弗雷德·诺贝尔

诺贝尔于1833年出生于瑞典，成长于俄国。他的父亲在俄国为沙皇制造地雷。诺贝尔会讲五国语言，兴趣广泛。虽然他最感兴趣的还是化学，但在业余时间里，诺贝尔同样喜欢写诗抒情。

诺贝尔对爆炸物进行危险的试验始于1860年。在发明了炸药之后的很长时间里，他仍继续着他的试验研究。诺贝尔63岁去世，那时他已经拥有355项专利。其中包括合成橡胶和其他爆炸物的发明。左图展示的是诺贝尔在瑞典的实验室。

诺贝尔奖

炸药的发明与广泛使用让诺贝尔变成了一个富有的人，但他并不愿意看着自己的发明被用于战争。诺贝尔在遗嘱里表示，将他的遗产用于创立诺贝尔奖，这些奖项分别是物理、化学、生物或医学、文学以及和平奖。自1901年以来，诺贝尔奖每年都会颁给那些对人类做出突出贡献的人。

相关：胡佛水坝　见第28页

49

新奇的物件

一个简单、出色的发明，如钟表或打印机，就能改变全世界人们的生活。通常，像这些伟大的小物件都会随着时间演变出许多款式，人类从未停止过追求完美的脚步。

1860年

艾蒂安·列诺尔

　　发动机是靠燃烧燃料使物体移动的机械。最初能够成功运转的发动机都是蒸汽发动机，这种发动机都是利用锅炉产生的蒸汽来移动汽缸里的活塞。而在内燃机中，燃料是在汽缸里进行燃烧的，这就使它比蒸汽发动机更轻、更有工作效率。于是，内燃机很快便在机械业和汽车业中取代了传统的蒸汽发动机。

列诺尔的天然气发动机

　　1860年，比利时工程师艾蒂安·列诺尔首次成功地制造了内燃机（右图）。这也是内燃机首次大规模投入生产。列诺尔的发动机将汽缸里的气体和空气混合在一起并将其点燃。气体膨胀推动活塞，这样车轮就开始转动了。

由于飞轮自身重量大，一旦它开始运转就很难停止，这就使得发动机能够顺利运转

◄◄ 灵感的火花

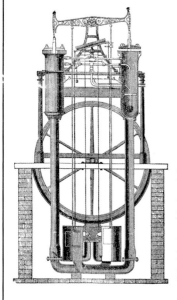

1823年，塞缪尔·布朗取得了以气体为动力的双汽缸内燃机的专利。而后在1825年，他开始尝试着将这种内燃机运用到汽车上，虽然并未成功，但也算是一次伟大的尝试。它就像蒸汽式内燃机一样可以工作得很好。

微小的爆炸

　　内燃机有两种类型：在汽车和摩托车里安装的是间断运行的内燃机，也就是说燃料会在短时间内燃烧并熄灭，周而复始。喷气式飞机和火箭则不同，它们使用的是持续工作的内燃机。

现代发动机要比列诺尔的发动机强大100倍

驱动轮变成一个枢纽，带动另一部分机器工作

活塞推动这些杆使飞轮转动

发动机

小型的内燃机可以代替电池为电脑这样的设备供电（电池的更换频率要比内燃机加油的次数高出5倍）。小型内燃机是由钢制成的，但是制造它们的科学家希望能够用硅来制出像曲别针一样更精巧的款式。

从燃料转化成尾气

内燃机可以将燃料中包含的能量转化成其他形式的能量，如动能和热能。在转化的过程中会产生污染物，包括气体和微小颗粒。这些废弃物被称为尾气。

管控点控制着发动机的速度

这根长杆将管控点与自动控制的龙头连接在一起

空气入口

活塞被置入汽缸中

尾气从这条管道中排出

这条管道为发动机提供气体

发动机的演变

很多年来，工程师们都在为制造出可靠、安静、轻便、运转顺利，并能有效运用燃料的发动机而努力。

气体到液体

尼古拉斯·奥托在列诺尔的以气体为燃料的发动机的基础上对其进行了改进。接着在1885年，戴姆勒将它转化成了以液体燃料为动力的发动机并应用到世界首辆摩托车上。

高速机

哈雷·戴维森公司已经有超过一个世纪的摩托车制造历史了。上图中的摩托车是1942年建造的，那时的发动机工作起来已效率很高并且马力十足。

体育专用

当今的极速赛车的速度之所以能够如此之快，是由于它们有着高转速的发动机，赛车的构件运转得飞快所以产生了巨大的能量。

相关：福特T型车　见第142页；直升机　见第154页；电动车　见第166页

升降机

最原始的升降机是由生活在几千年前的古希腊人发明出

来的。很长一段时间以来，它的安全性能都很差。直到以利沙·奥的斯设计了一个安全装置并向人们展示了它良好的安全性能，人们这才开始相信升降机的安全性。如果没有安全的升降机，摩天大楼就无法盖起来，我们的城市也将与今日看到的大不相同。

聪明的机械装置

现在的电梯已经发展成为一种舒适、快速和安全的装置。其中很多电梯都与电脑连接，并由电脑来控制它们的升降系统和时间。这样做的好处就是保证电梯在不工作的时候也能停在较为繁忙的楼层，并且可以控制电梯在人们离开大厦时向下行方向。

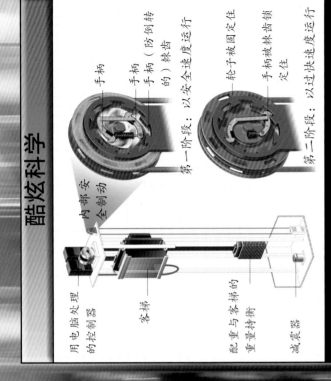

酷炫科学

第一阶段：以安全速度运行

第二阶段：以过快速度运行

手柄
手柄（防倒转的）棘齿
内部安全制动
轮子被固定住
手柄被棘齿锁定住

用电脑处理的控制器
客梯
配重与客梯的重量持衡
减震器

电梯装有非常可靠的安全系统。当电梯开始下降时，它的电缆会使安全闸里的轮子转动得比平时更快，当闸中的两臂向外摆动，锁住棘轮，这就阻止了轮子转动，使电梯停下来。

四组滚轮镶嵌在两组轨道中

四壁和天花板是由加固的玻璃制成

54

世界上运行速度最快的升降机位于阿拉伯联合酋长国迪拜的哈利法塔。它的运行速度可达到64千米每小时

独特的风景

有时，摩天大楼会将升降机安装在大楼的外部。这样做不但可以节省大厦里的空间，还可以让乘客在升降过程中欣赏风景。由于这种电梯会直接受外界天气的影响，工程师还为它们安装了特殊的加热和降温系统。

能够自动调节的通风、加热和制冷装置保证了电梯的舒适性。

——升降机承载加强了电梯的安全性

无处不在的升降机

不光人需要升降机，许多物品的移动和搬运都离不开它。一些多层停车场也会用到升降机来移动车辆。航空母舰上装有更大的升降机，每个可以承载两架喷气式飞机的重量，也就是超过70吨的重量。

一些特殊型的电梯如楼梯升降机也可以被安装在家里，这样就能方便那些行动有困难的人们。

相关：卫星导航系统　见第184页

▶▶ 前瞻未来

在不久的将来，人类也许真能实现乘坐升降机环游太空的梦想。已经有上千个卫星在环绕地球的轨道中运行着，一些轨道与地球的运行频率一样，也就是说它们总能保持在相同的位置。理论上讲，正如左图中所示，人类是可以乘坐升降机到达卫星的。

以利沙·奥的斯

许多城市都以漂亮的摩天大楼和著名地标作为城市的标志。摩天大楼帮助大都市节省了用地，并为生活在城市里的人们提供了一个安全、舒适的住所和工作的地方。如果没有以利沙的伟大构想，我们今天看到的这些不可思议的建筑都将不复存在。

遍及全球的安全性能

1857年，美国发明家以利沙·奥的斯将他发明的首个可以载客的安全升降机安装到了一个纽约的商店里。他于1861年离开了人世，直到那一年，他都一直在改进他的设计。在他去世之后，他的两个儿子查尔斯和诺顿合伙开了一家名为奥的斯兄弟的公司。到1837年时，已有超过2 000架升降机被安装进了各种建筑中。由于最先被安装在著名的建筑物中，逐渐地，奥的斯升降机的知名度和受欢迎程度也越来越高。现在在世界范围内有170万架升降机正在投入使用中。

以利沙·奥的斯

1853年，为了赢得公众的信任，奥的斯为他的安全升降机做了一个大胆的展示：他剪掉了一个开放式的电梯绳子。幸运的是，他的安全系统仍能顺利地运行。这个举动也推动了高层建筑物的发展。

埃菲尔铁塔

奥的斯电梯被安装在法国埃菲尔铁塔弯曲的支柱上。埃菲尔铁塔建于1889年，直到1930年，它都是世界上最高的建筑物。现在它仍是巴黎最高的建筑物，并已成为世界上最具标志性的建筑物之一。

自由女神像

1886年，法国人民将自由女神像送给了美国。它总共有324个台阶，当20世纪初期装上了奥的斯电梯之后，想要到达自由女神像的顶端可就省事多啦！

以天空为限

这些年来人们对于摩天大楼的称谓一直在不断改变。19世纪80年代，当时坐落在美国芝加哥的家庭保险大楼看起来有10层楼那样高，当时的人们认为其高度惊人，但现在看来也不过如此。它的出现向人们宣告着一种新的建筑技术，而升降机的使用则是建造摩天大楼的关键。摩天大楼是用一个由钢和铁组成的金属骨架来支撑整个建筑的重量的，而不光支撑外部的墙面。后来，摩天大楼开始使用全钢的框架。

哈利法塔

迪拜的哈利法塔是世界上最高的建筑，建成于2010年。哈利法塔高828米，有162层楼。这座建筑里安装有57部奥的斯电梯，其中有两部是双层电梯（上下两个客舱），它们可以带着人们直接到达124层的观景台。

> **用玻璃和钢铁制成的摩天大楼是整个城市的骄傲。**
>
> ——美国作家梅森·库利

米兰大教堂

几个世纪以来，城市中最高的建筑往往是大教堂。这座建在意大利米兰的大教堂于1386年开始建造，却直到1965年才完工。1997年，一个新的奥的斯电梯被安装进了135个塔尖中的一个之中。

新城森大厦

六本木新城森大厦是日本东京一个十分重要的地标性建筑，它于2003年开始对外开放。人们可以在同一屋檐下工作、购物和娱乐。在这个54层的建筑物中共有12部奥的斯电梯投入使用，并且每个都是双层电梯。

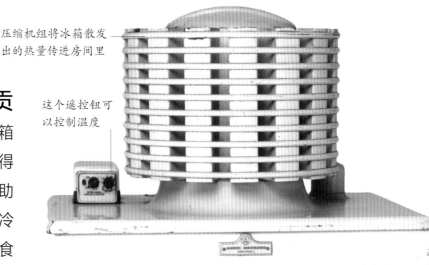

压缩机组将冰箱散发出的热量传进房间里

这个遥控钮可以控制温度

很多人都为冰箱的发明贡献出了自己的一份力量，但冰箱真正走进百姓的生活是在它们的价格变得合理以后。通用电气全钢模型的价格帮助冰箱成了一种常用的家用电器。将食物冷冻起来减缓了细菌的繁殖速度，保证了食物不会过快变质，也就是说冰箱中的食物保质期会更长。冰箱的出现也意味着更少的食物被浪费掉，人们也会减少健康问题的困扰，并且有了冰箱之后，采购食品也不再是每天的例行公事。

冰盒是冰箱最冷的部分

更实惠的冷冻机

起初克里斯坦·斯滕斯特鲁普为美国公司通用电器工作，并于1927年设计出了首个人们可以支付得起的冰箱。

◀◀ 灵感的火花

直到19世纪中叶，人们还需要将寒冷地区的天然冰块运到温暖地带并存储在地下"冰屋"中。那时候的"冰屋"就相当于现在不通电的冰箱。

冰箱

1927年，通用电器公司出品的压缩机装在顶端的冷冻机

冰箱的其他用处

全钢冰箱的另一个好处就是它不会像其他材质散发出氨气的味道，所以它可以被放置在厨房里。从那时起，冰箱已经变成了一种大众电器。逐渐地，冰箱不止用于在家里储藏食物，也开始用于帮助医院存放药品；每个空调中都有一个小冷冻机制冷。冰箱中的冷冻层可以将温度降至零度以下，这样食物的保鲜时间会更长。

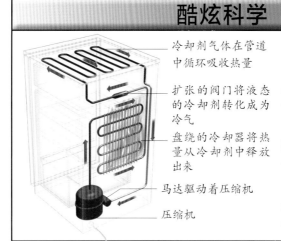

冷却剂气体在管道中循环吸收热量

扩张的阀门将液态的冷却剂转化成为冷气

盘绕的冷却器将热量从冷却剂中释放出来

马达驱动着压缩机

压缩机

如果你向沾湿的皮肤吹风，皮肤会感到寒冷。这是由于液态的水正在变成气体，而这一过程需要吸收大量的热。电冰箱的原理也是如此：在冰箱内部液体转化成为气体使内部降温，而气体在冰箱组件外部的管道中又转化成液体，向空气中释放热量。

呈现紫色的寒冷区域

呈现绿色的中度寒冷区域

门闩确保冰箱门关紧，这样冷气就不会漏出来了

单开门的冰箱曾是最受欢迎的款式，当然也有双开门和三开门的冰箱

厚实的门可以保证热气不会跑进冰箱里

呈现红色的温热区域

看得见的热量

每种物体都能释放出红外线，有些我们能感受得到它们的热量。我们无法用肉眼看到这些射线，只有用特殊的相机才能检测到它们，并能拍出发热物体的照片，就像左图冰箱里的物体那样。这些发热物体的照片叫作热像。在这张图片中，最热的物体呈红色，而最冷的物体则呈紫色。冰箱没有热点和冷点，这一点十分重要，因为这样食物就不会因为过热而变质，也不会因为过冷而被破坏掉。冰箱的热像可以被用来检查热点和冷点。

冰箱可以让屋子变暖，而且如果将冰箱门打开，屋子会变得更暖

磁吸引

在不久的将来，冰箱也许可以由磁铁来制冷。有一些材料包含细微的叫作磁畴的结构。当有磁场在时磁畴就会排列整齐，而当关闭磁场的时候，磁畴就会变得错杂起来，在这个变化的过程中材料被冷却。这样冷却了的材料就可以用来冷却冰箱中的物品。

相关：疫苗接种　见第12页；马口铁罐头　见第24页

人们早在几千年前就学会了利用风能。人们用风车作为动力，把谷物研磨成面粉，此外，它还有抽水的功能。直到1887年，风能才被用来发电。当年，苏格兰发明家詹姆斯·布莱斯利用一个横轴风车为自家供电，巧的是发明家查尔斯·布莱什也为他在俄亥俄州的家建造了相似的设备。到了20世纪30年代，风能发电机已经遍布了整个北美洲，并且大多数都为远郊的农场供电。

产生兴趣

詹姆斯·布莱斯意识到他的发明将会大有用途，他决定先建立一个能够为全村人照明的发电机。然而他的邻居们却不是轻易就能被说服的，他们认为电是恶魔的杰作，于是拒绝了他的提议。后来布莱斯的风能发电机为当地医院提供了急救用的照明电力，他的发明这才找到了用武之地。

当今的风力发电机

在现代社会里，能够利用风能来产生电力的机器被称为风力发电机。每台发电机只能制造很少量的电力，所以要想建电站则需要上百台风力发电机一起供电，它们总是成组建立，称为风能阵列或者风能农场。当风改变方向时，风力发电机的顶端就会转到面对风的方向。

将风力发电机的叶片增长一倍将能制造多出四倍的电力，所以说效率高的风力发电机尺寸都很大

大部分风力发电机被喷绘成了与天空颜色相配的灰色

工程师需要爬梯子到达发电机头部进行维护工作

世界上最大的风能发电机组的转子直径为177米

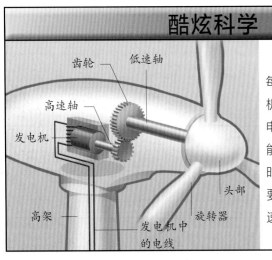

酷炫科学

齿轮 低速轴
高速轴
发电机
高架
发电机中的电线
头部
旋转器

风能发电机的旋转器每一两秒才转一次。发电机（也称为发生器）利用电磁铁将动能转化成为电能。它们只有在高速运转时才能工作起来，所以需要用齿轮来加速运转，加速后可达每秒20转。

海浪之上

大海上的风会刮得更为猛烈些，因为在海上没有山峰、树林或者建筑物来阻挡风。很多风场都会建立在海边，即使这要比在陆地上建立风场复杂，也贵很多。然而，这也意味着陆地上的人们将不用受到风场发出的噪声的困扰。

风力发电机

发电机将旋转器的动力转化为电。当风速过快时涡轮机会自动停止运转以防损坏

这座风力发电机塔是一个巨大的钢质管道，高达90米

是好还是坏？

风力发电机总被认为是能源危机的救星：不同于一般的化石燃料，风能永不会用尽。然而，也有很多质疑的声音：到底风力发电机的好处多，还是它们造成的麻烦多呢？

风能的优点

风力发电机占地面积小，并且可以与庄稼及牲畜共用同一块土地。它不像发电场那样燃烧煤或石油，风能不产生任何污染气体，所以它们被认为是一种"绿色"能源。

风能的缺点

一些人认为风力发电机不好，因为它会威胁到飞过的鸟群。如果把发电机安装在偏僻的地方为乡镇及城市供电的话，输电设备方面的花费也会很高。

相关：太阳能板 见第86页；直升机 见第154页

◀ 1821年 ▶

迈克尔·法拉第和
泽诺布克·格拉姆

迈克尔·法拉第在电磁领域做出了开
创性的贡献，发明了发电机，而泽诺布克·格拉姆
发现发电机反过来可以被电力带动，则诞生了电动
机——一种新的工业动力来源。在电动机发明之
前，机器都是用蒸汽、水能或是家畜做动力。现
在，电动机早已走入千家万户，在工业上尤为不可
缺少。

法拉第的发动机

1821年，法拉第发明了一个简易的
电动机，从而向人们展示了电和磁可以
共同产生动能。现代发动机也是利用这
个原理。一台发动机包含了用电线圈缠
绕的铁片。当电流在电线中传输时，它
们会转化成磁。这些电磁铁和其他磁互
相作用来推动发动机。

电磁铁靠近在机器中
的铁环，以加强作用
于它的磁力

两支金属扶手将
直流电传送给金
属圆筒

圆筒负责向电线圈供
电，转换电流的方向
好让发动机保持转动

▶▶ 前瞻未来

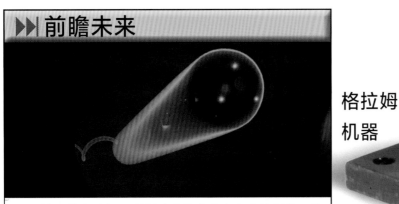

微小的电动机可以制造出许多令人兴奋的新的可能
性。最小的发动机只有人类头发的2.5倍宽，并且可以在血
管中穿行漫步。在不久的将来，外科医生将会给它们配上
摄像机，这样它们就可以用于修复人体损坏的循环系统。

**格拉姆
机器**

电线圈被缠绕在铁环上，铁
环可以在电磁体中自由转动

当电流穿过电线时，磁
铁会迫使铁环转动

电动机

两个由框架连接着的电磁铁提供了南北极圈

财富的预演

1870年，泽诺布克·格拉姆制造出了首个能够为工厂生产出足够电的发电机。格拉姆发电机或称格拉姆机器可以输出持续、平稳的电流。当他在1873年首次向世人展示这项成果时，他的合作伙伴错将两台发电机钩在了一起，以为这样可以让其中一台供电给另一台，然而令他们惊讶的是，第二台发电机的轴竟然转动了——原来它变成了一台电动机。

世界上最大的电动机可以使一个巨大的电扇运转起来，它制造出了比声速还快的风速

转动的铁环被固定在一个钢轴上

轴转动时，可以带动任何和它连接着的物体

当机器被当作发电机来使用时，这个轴是由一个发动机和一台能够制造电的机器推动的

天才的火花

格拉姆机器不光被设计用于发电，它还是电动机发展史上一个非常重要的发明。事实上今天我们使用的很多发动机都还是基于格拉姆机器的运作原理制造的。

领驱世界

几乎每个与电子相关的、可以移动的物体都装有一台电动机。从手机到人型的工业机器都离不开它。电动机的型号有大有小，这取决于工作的不同要求。电动机是由一个开关控制运行或者停止的。

交流电

大多数家用大型机器都装有可以使用交流电（AC）的电动机，这种电流可以应用于墙上的插座并可以持续地变换电流的方向。1883年，尼古拉·特斯拉发明了另一种交流电电动机，这种电动机被用来运作工厂中的重机械。

直流电电动机

电池可以提供持续的直流电（DC），很多用电池供电的小机械如电动玩具都使用直流电发动机与永久性的磁铁匹配。由于一些设备需要十分精确地控制，我们会将电动机的另一种类型——步进电动机应用于像电脑光驱这样复杂的电子设备中。笔记本电脑和其他一些小机械都装有转接器，它们会将交流电转化成直流电来启动它们的电动机。

相关： 电池　见第90页；蒸汽机车　见第156页

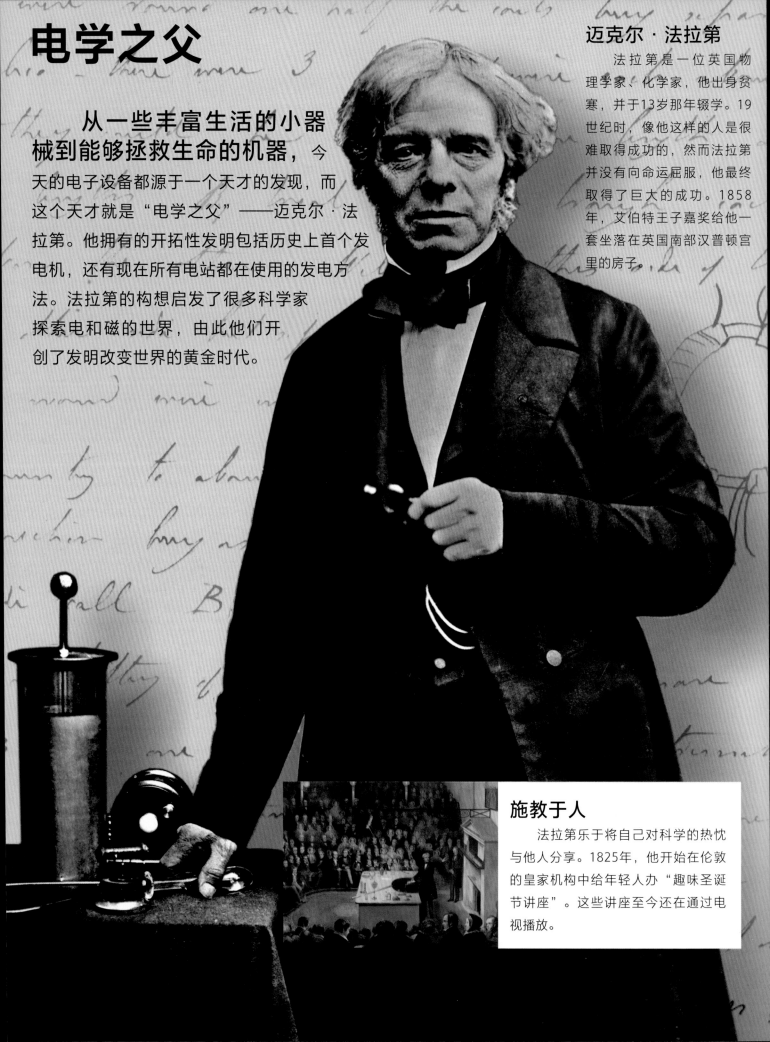

电学之父

从一些丰富生活的小器械到能够拯救生命的机器，今天的电子设备都源于一个天才的发现，而这个天才就是"电学之父"——迈克尔·法拉第。他拥有的开拓性发明包括历史上首个发电机，还有现在所有电站都在使用的发电方法。法拉第的构想启发了很多科学家探索电和磁的世界，由此他们开创了发明改变世界的黄金时代。

迈克尔·法拉第

法拉第是一位英国物理学家、化学家，他出身贫寒，并于13岁那年辍学。19世纪时，像他这样的人是很难取得成功的，然而法拉第并没有向命运屈服，他最终取得了巨大的成功。1858年，艾伯特王子嘉奖给他一套坐落在英国南部汉普顿宫里的房子。

施教于人

法拉第乐于将自己对科学的热忱与他人分享。1825年，他开始在伦敦的皇家机构中给年轻人办"趣味圣诞节讲座"。这些讲座至今还在通过电视播放。

电的使用

18世纪早期，电还是实验室中的新奇事物，而不是被当作一种实用的能源使用。到了1821年，法拉第向人们展示了电磁能可以被用来产生动力，并由此发明了历史上首个发电机。1831年，他发现当电在磁的两极中移动时，电就开始在导体中流动。不出几周，他就利用这个发现发明出了变压器和直流电发电机。这是历史上首个不需要用电池也可以制造出电，并且流量也比原先大很多的方法。

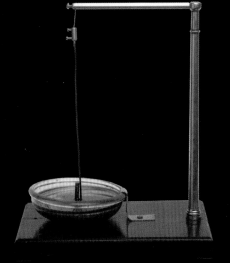

电动机

法拉第受到电磁学的启发，根据当电流传过金属电线会造成一个围绕着电线的磁场这个原理，他研究出了简易电动机。他在一个装有水银的小杯子里吊起一根电线并在杯底置入了一块磁铁（左图）。当电流流经电线时，电线会绕着磁铁画圈旋转。这是人类历史上首次通过电制造出连续的运动。

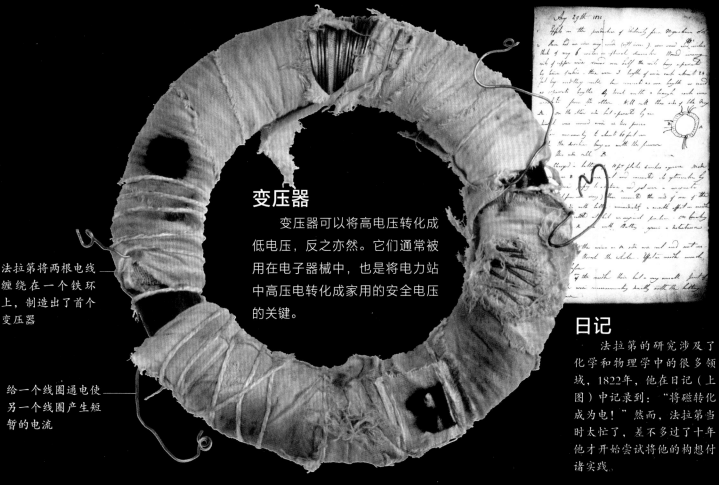

法拉第将两根电线缠绕在一个铁环上，制造出了首个变压器

给一个线圈通电使另一个线圈产生短暂的电流

变压器

变压器可以将高电压转化成低电压，反之亦然。它们通常被用在电子器械中，也是将电力站中高压电转化成家用的安全电压的关键。

日记

法拉第的研究涉及了化学和物理学中的很多领域，1822年，他在日记（上图）中记录到："将磁转化成为电！"然而，法拉第当时太忙了，差不多过了十年他才开始尝试将他的构想付诸实践。

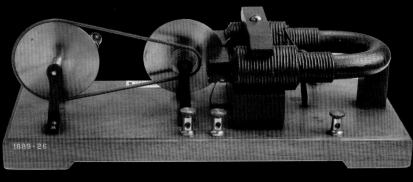

直流电发电机

法拉第的直流电发电机是利用磁和动力来发电的。铜轮需要靠人力来转动，好让它的轮圈可以在永久磁铁的两极中间穿过。这样就可以持续地切断磁力线，在铜中制造出电流。电流最初只能在电线中流动，而今天它可以让一个小灯泡发光。

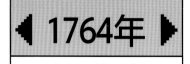

詹姆斯·哈格里夫斯并没有幻想改变世界，他的发明——珍妮纺纱机，只是一种可以很快地将覆盖在棉籽上的松软纤维制造成纱线的简单机器。这对同地区的其他造纱人来说可是个坏消息，因为珍妮纺纱机的出现让纱线的价格越来越便宜，于是他们一起毁了哈格里夫斯的机器。哈格里夫斯并没有放弃，他飞到了诺丁汉继续致力于研究自动化技术，他相信终将有一天机器会代替人力工作。

"珍妮" 本是哈格里夫斯女儿的名字。有天她不小心撞翻了一架手纺车，但这却启发了哈格里夫斯的伟大构想

◄◄ 灵感的火花

一些早期的纺织机器都是手纺车。手动纺车被用来将天然纤维如羊毛和棉花纺成一种可以用来编织或针织成纺织品的线。

移动横杠，好抻直纱线

工人用一只手旋转轮子，用另一只手扶着栅栏

这些部件被用来将纤维拧在一起

家庭手工业

在发明珍妮纺纱机和其他纺织机器之前，纺织品都是以家庭为单位制作完成的。这就是我们所熟知的家庭手工业。纺线大多由女人来完成，而编织成完整的布料则需要男人来完成。

珍妮纺纱机

纱线被缠绕在一排纺轴上

操作简便

不同于较难操作的手纺车，珍妮纺纱机之所以能成功，其中一个原因就是它操作简单，甚至可以由儿童来操作。哈格里夫斯于1778年去世，那时在英国已经有超过两万台珍妮纺纱机投入使用了。

这些细绳将轮子与纺锤连接在一起

工人用手摇轮子

一排线轴将疏松的棉纤维排列整齐，然后通过横杠将纱线缠绕到纺锤上

虽然早期的珍妮纺纱机设有坡轮，但后来的型号被改造成了直轮，这会让纺线的效率更高

是时候改变了

用来制造纺织品的珍妮纺织机和其他机器改变了人们生活和工作的方式。它们的出现点亮了整个工业革命。在工业革命时期里，大型的工厂接连兴建起来，人们开始从乡下迁往城镇。珍妮纺纱机的影响力从欧洲蔓延到了整个世界。

漫长的过程

珍妮纺纱机的发明是漫长的纺织机器改进过程中的一个组成部分。在这个过程中，很多发明家都功不可没。

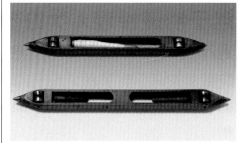

1733年，卡伊的梭子

约翰·卡伊发明的梭子是用来缠绕纺线的，它的出现加速了织造工艺的进程。带有这些梭子的机器可以利用更少的人力纺织出更多更厚实的纤维。

1768年，阿克赖特的水力纺纱机

理查德·阿克赖特发明的水力纺纱机是在珍妮纺纱机基础之上的重要改进。它织出的棉线更结实，并且是以一个水车为动力运作的。

1779年，克朗普顿的走锭细纱机

另一个重要的改进就是塞缪尔·克朗普顿的走锭细纱机。它可以又快又好地织出很多不同种类的线。

相关：机器人　见第68页；牛仔裤　见第220页

　　很多世纪以来，人们一直着迷于制造接近人类的机器。不过直到20世纪，人们还只是停留在制作益智玩具的阶段。到了20世纪50年代，工程师们开始认真地对待这个问题了。他们中的一些人想要制造一种比当时高度精密复杂的工厂机器还要领先一步的机器。他们想要制造一个适应能力强、灵活度高，并且能完成一些特定任务的机器；他们还希望这种机器可以做一些人类做的事情——就这样，机器人诞生了。

机器人的先锋

　　当美国工程师乔治·迪沃尔和乔瑟夫·恩格尔伯格受到启发，并决定将科学幻想变成科学事实时，机器人早已在科幻电影和杂志中流行了很多年。1954年，迪沃尔为自己"通用机器"的构想申请了专利：建造一个只要为它编程，它就可以在工厂中的各处切换程序改变用途的机器人。1956年，他和恩格尔伯格相遇了，他们一起成立了一个叫作"全球自动化"的公司（Universal automation，简称Unimation）。

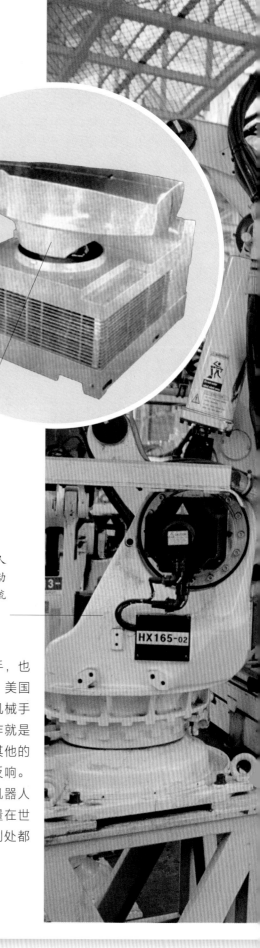

通用机械手是一个计算机化的机械手臂，手臂前端配有一个握爪

在汽车工厂中，机器人会在流水线上原地不动地工作，而汽车会在流水线上移动

仅在短短一年中，一个汽车工厂就用50个机器人取代了200名工人，并且工厂的生产效率提高了20%

通用机械手

　　"全球自动化"制造出了通用机械手，也就是世界上首个真正的机器人。1961年，美国汽车制造商"通用汽车"是首个将通用机械手加入到生产线的公司。通用机械手的工作就是在生产过程中移动炽热的铸造物。不像其他的科技突破，通用机械手并没有得到很大反响。所以"通用汽车"也不确定到底他们的机器人会有多受欢迎。现在，通用机械手的数量在世界范围内的工厂里已达到了几百万个，到处都离不开它们的身影。

机器人

◀◀ 灵感的火花

和机器人一样，提花织机遵循程序指示来运行。与当代机器人靠收到来自计算机的指示开始工作不同，织布机由打孔的卡片控制。这些卡片上的孔为纺线指明了方向，所以不同的花样可以靠不同的卡片自动纺织。这种技术是由乔瑟夫·玛丽·雅卡尔于1801年发明出来的。

机器人的手臂利用一系列的连接点，可以向任何方向移动

完美的"人"

许多工厂现在都开始使用工业机器人团队了，也就是说，在这些工厂里很难看到真正的人类了。机器人对于那些需要重复性的工作来说十分理想，因为它们永不疲惫、从不出错，并且对那些单调的工作永不厌烦。对于这种流水线上的工作来说，机器人会比人类干活的速度更快，劳动力也更便宜，甚至可以说机器人比人类更可靠。除此之外，它们对灼热、黑暗、吵闹或者危险的情况都能应付自如。

机械手臂可以安装种类繁多的末端执行器，包括钳子、钩子或者焊接器

▶▶ 前瞻未来

许多研究学者都在致力于将机器人智能化。这会使机器人变得适应能力更强，并且比当今的机器人更容易操作。机器人智能化也让它们能够自如地应对突发问题。这个机器人的样机叫作"Robonaut"（航天机器人，这种机器人将主要用于航空作业以及汽车制造业）。2011年，航天机器人的第二代产品"Robonaut 2"发射升空，成为国际空间站的首个仿真机器人。

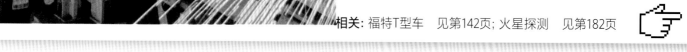

相关：福特T型车　见第142页；火星探测　见第182页

现代机器人

当今世界，机器人不仅存在于工厂里，它们还被用来探索宇宙和做家政服务。它们会赶去救火，也会被派去处理炸弹；它们可以潜入海底探索沉船的秘密，也可以在天空中巡逻；它们甚至能够给人类做手术，还可摇身一变成为电影里的大明星。一些机器人比卡车还要大，也有一些小到可以钻进人类的身体里！随着科技的不断发展，机器人对于我们的生活来说将会不可或缺。

机器人的反应

所有机器人都装有"反馈"装置，这样它们就能对周围的外部环境做出反应。基本的机械装置也许只能允许机器人发觉墙壁等物体，更精密的装置则可以赋予机器人视觉、听觉和其他感觉。装有火灾探测装置的机器人甚至可以"闻到"火灾产生的烟雾。经过许多不同国家几十年来的研究，机器人的反应变得越来越复杂，甚至在一些领域它们比人类的反应还要出色。

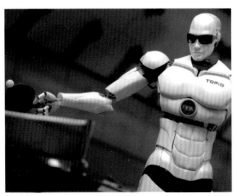

和机器人玩耍

机器人玩具自20世纪中期以来就一直很受欢迎。索尼公司出品的可以被人类训练的电子狗Aibo就曾经风靡一时，2017年，索尼又推出了新型Aibo。人形机器人则是近两年的发展趋势。要想玩好乒乓球，机器人需要掌握平衡、反应灵敏、拥有良好的反馈能力，并能将这些因素很好地结合在一起。

更安全的双手

没有一双人类的手能比机器人的双手更稳定。于是乎机器人外科医生做非常复杂的手术时会比人类医生表现得出色，比如危险的脑部手术。微小的医疗机器人甚至可以潜入患者的身体为他们做个彻底的检查。

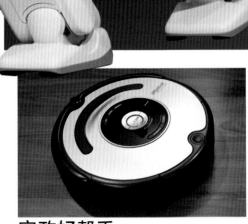

家政好帮手

对于机器人来说，人类居住的房子可不是个容易工作的地方：那里堆放着各种障碍物、易碎的物品和楼梯，所以发明家政机器人可算是种挑战。目前，全自动的吸尘器算是其中最成功的一种。

> **我设想有一天，机器人对于我们就像宠物一样。**
>
> ——克劳德·香农，美国数学工程师

机器的智慧

使用机器人的主要障碍是：虽然机器人可以对事物做出反应，但它们并没有达到人类的智慧水平；所以对于它们来说很难适应不熟悉的环境或者处理不能预知的问题。这就是为什么人工智能成为科学家研究的主要领域。最新研制出的机器人可以识别人脸，还能在荒地里找到行走路线。在不久的将来，智能机器人将可以理解人类的指令，这样可以使它们更容易被控制。甚至在将来的某一天，机器人也许会比人类更聪明。

Asimo

Asimo是Advanced Step in Innovative Mobility（创新移动先驱）的简称，它是日本本田公司开发的步行机器人。它可以像人类一样握手、爬楼梯，甚至倒茶! Asimo机器人跑起步来速度可达6千米每小时。

电子动物

造型是动物或者巨兽的机器人被人们称为电子动物（animatronics），它们通常出现在电影里。在一些博物馆里也有电子恐龙，它们可以像真恐龙那样移动和咆哮，效果十分逼真。

无人机

最初的实验性机器人飞机早在一个世纪前就被发明出来了。其中一些还出现在第二次世界大战中。今天，许多机器人飞机，包括这架"MQ1捕食者"无人机就是用来做侦查使用的。"捕食者"还配有激光制导的导弹。

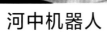

河中机器人

科学家已经发明了机器鱼来探索河流。它们能像真鱼一样游泳，并能"嗅"出化学污染，帮助清洁河流。在发现问题后，它们会将信息通过wifi技术反馈回岸上。

每次钟摆的摆动都会让金属指针上升或降低，这种金属指针被称为转杆

当上面的转杆升起时，它会举起一个杠杆，让小轮子边缘的齿轮"逃脱"一个，所以指针会以同样的频率转动

当这个较小的轮子开始转动时，钉子会把低处的转杆往下推，好让钟摆继续运动

这个齿轮连接着小轮子和大齿轮的运动

一个紧实的弹簧在黄铜鼓中被打开，这就为驱动齿轮和时钟的转杆提供了动力

钟摆的每次摆动都让弹簧展开一段固定的长度

现代生活需要精确掌握时间

准确的时钟能够帮助我们顺利地搭上公共汽车，准时上学或上班，并能准时收看电视节目。我们需要掌握时间才能确定家用或工业用机器的开关时间。摆钟是首个可以精确到分、秒的时钟。17世纪时，伽利略和惠更斯的发明将时间记录带进了千家万户和各种企业里。它们的出现彻底改变了人们的日常生活习惯，并为科学界带来了无数新的可能性。

最小的现代钟表像米粒一样大小并且能够装进一个微芯片里

一个适时的理论

钟摆是由一条线或者杆和底部的重物组成的。大约在1637年时，意大利科学家伽利略·伽利雷发现单摆每次摆动的时间间隔都是相等的，即便当摇摆越来越弱时摆动的运动周期也相等。他意识到这种规律可以用来控制时钟。伽利略于1642年设计了这个实用时钟装置，但他没能等到有机会制造出一个实用模型就去世了。

摆钟

钟摆杆的长度决定了完成一次摆动所需要的时间

要想将钟表调快或者调慢，只需上下挪动钟摆底部的重物

原子钟

原子和分子能以特殊频率振动，这可以用于记录时间，最早的是氨分子，它可以以每秒振动240亿次。原子钟使得科学家可以以每秒的万亿分之一中的百万分之一的时间单位来记录时间。

石英晶体

大多数现代钟表都含有石英晶体。当放入电子电路中时，这些小晶体就会规律地前后摆动。当它们摆动时，会发出微弱的可以驱动电机的电子脉冲。

越来越准的时钟

摆钟的出现让整个世界守时地运转了270年。在20世纪，时间的记录变得更为准确，钟表也被设计得越来越小。记录时间的方法有了新的发展。

◀◀ 灵感的火花

1094年，中国工程师苏颂设计并建立了一座不可思议的水运仪象台（世界上第一座天文钟）。这座高11.9米的装置是分三层建造的。它成了当时最先进的钟。左图中展示的就是水运仪象台的现代模型。

第一座摆钟

荷兰科学家克里斯蒂安·惠更斯于1656年制作出了首个实用钟摆。他的设计将钟摆与随着重力下降的重物连接在一起，下降的重力会带动钟针。摆钟精确地控制着摆动的频率。惠更斯的钟表可以精确到分，这比当时其他只能精确到小时的由重力驱动的钟表先进许多。

相关：微信息处理器　见第92页；电动机　见第62页

时间的主人

　　想要在海上找出一种精确的计算时间的方法，这可难倒了18世纪最伟大的科学家们。英国人约翰·哈里森将他毕生的精力都用来解决这个问题，并最终研制出了一种可以媲美陆地用摆钟的海上计时器。19世纪到20世纪早期，几乎每艘轮船都配有海上计时器。这种装置能够使航线更准确，因此使无数船只和船员的生命安全得到了保障。

经度问题

　　航海时，水手需要掌握回家的时间，但普通的钟表并不能应对海上旅行的颠簸和气候变化问题。失败的导航会导致船舶失事和船员伤亡。于是在1714年，英国政府提供了一项2万英镑的奖赏，来奖励能够解决这个被称为"经度问题"的人，这在当时可是笔不小的数目。于是，在1728年，约翰·哈里森这个熟练的钟表技师开始致力于发明海上计时器。

1759年，哈里森就是靠这款由他设计的航行表赢得了那份奖金

约翰·哈里森

探险家詹姆斯·库克船长带着航行表去航海，回来后声称这块表是他"忠诚的朋友"。左图中的哈里森手握着自己设计的海上计时器，但他在库克回来后不久就去世了，没能感受到自己的发明带来的巨大成功。

一块表解决了问题

　　哈里森最初设计的三个计时器都是基于摆钟的设计基础，只是增加了适应航海的一些功能，然而这些计时器的计时还不够准确。1759年，他创造出了一个完全不同的设计。这块航行表的设计基础是一块怀表。在海上航行47天后，它只比以前慢了39秒。然而奖品评委认为这只是一次巧合，他们并不买账。于是哈里森上诉至国王来寻求帮助。直到1773年，哈里森才最终获得认同，他证明了自己在这一发明创造上超越了伽利略·伽利雷和艾萨克·牛顿。

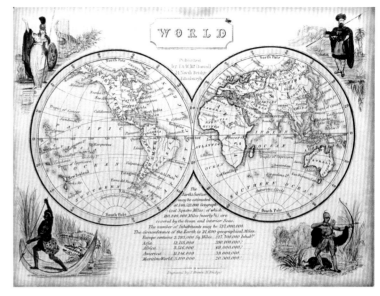

世界的方位

　　在这张早期地图中的经度线横跨了南北两极，世界看起来就像被分成了几个橘子瓣。每条线都代表了一个新的时间区域。水手可以将航行到的地方的时间与自己家乡的时间进行对比，就能由此判断出所在的方位。他们通过太阳的位置来计算地方时间，但他们也需要一个开始航行时的时间作参照。

> " **哈里森，
> 我以神的名义
> 授予你权利!** "
> ——英国乔治三世国王

航行表的运行方式

　　这个航行表的直径可达13厘米，它看起来就像一个大怀表。航行表是由一个拧紧的发条所驱动的。与钟摆的原理相同，航行表也需要用一个保持平衡用的轮子连续地来回摆动以控制发条。当温度上升时，轮子的轮缘将会扩大，并使发条失去弹性。

起重机

如果不靠外力相助，人类很难单单凭自

身的力量提起建筑材料，或将重物搬上货车或者轮船。起重机就是解决这个问题的一个好帮手。在公元前515年，古希腊人发明了这种机器。正如很多其他的古希腊发明一样，起重机也慢慢地被古罗马人所接受，他们甚至还改进了古希腊人的设计。在发动机和电动机相继被发明后，起重机又有了新的发展。如果没有起重机，很多令人震撼的重要建筑都将是痴人说梦。

成功的关键

起重机的奥秘在于它的复合滑轮配备。古罗马人对起重机进行的最主要的改造在于增加了滑轮的使用量。一些古罗马起重机是靠奴隶推磨运行的。

早期古罗马起重机的仿制模型

绕着轮子的绳子被用来提升重物

起重机的挂钩是通过电机移动的

钩子被吊在起重机的悬臂上

操作人员的驾驶室四周都安有大窗户

起重机可以在转台上转动

起重机的发动机和电子器件设在较短一侧的悬臂上

混凝土的平衡物都帮助起重机保持平衡

起重机可以在不需要支撑的情况下达到80米高

高耸入云

塔吊通常在建造高楼时使用，这是因为它们同时具备了高空作业和提起重物的能力。操作人员通常待在起重机上部的驾驶室中。操作人员会与在地上的信号员合作，信号员负责传递指示和指挥方向。

阿联酋迪拜是世界上拥有起重机最多的国家

起重机是由结实的钢材制成的，这些由三角形组成的构造加强了塔身的结实度。

塔身可以用螺栓固定在一个混凝土平台上，也可以被固定在轮子或卡车上。

步步高升

时至今日，想要整体搬动起重机已经是一件不太可能的事情，但要克服这个问题，新型则可以利用它们上面的部分并能继续增加高度的增长而增长。它自动装配的起重机型装备来提升它们能提升一种升降的部件。这也就是说起重机可以随着建筑物高度的增长而增长。

多元化的起重机

建造高楼用的起重机塔已经不再是唯一的起重机类型了。多年来，人们发明出许多新型号的起重机，每个都是为特定工作设计的。

相关：波特兰水泥　见第26页；升降机　见第54页

酷炫科学

滑轮会使重物更容易提升。一个简易滑轮是由绳子缠绕在有凹槽的轮子上组成的。在复合滑轮中，两套滑轮是由同一条绳子连接的。

使用的绳子越长、滑轮越多，重物越好提升，但拉绳子的距离也就相对越远。

固定位置的起重机

龙门起重机和高架起重机都是有只能单方向行驶在横梁上的手推车设备，而横梁通常都固定在墙壁或者高高的圆柱上。这样的起重机常常被用来在大型的工业地区和工厂中提升重物。集装箱起重机也是龙门起重机的一种，顾名思义，它用来搬运货物集装箱。

可以移动的起重机

在码头上，起重机对于装卸货物的船只来说至关重要，但条件是它们必须可以移动的。这样的起重机通常装有履带，因为履带可以承受更多重量并且比普通轮子装载的范围更广。另外，履带也可以帮助起重机保持平稳。

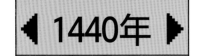
几千年来，人们都利用书写的方式来记录他们的故事、思想和发现。如果要想让更多的人阅读到他们的作品，就需要手写出很多份抄本，而在这个复制的过程中，不但耗时长，还会不可避免地产生很多错误。有时，人们只能请专业的抄写员来做这项工作，而较短的作品则可以刻在木片上。当约翰尼斯·古登堡将他的印刷机介绍给世人时，这些问题都迎刃而解了。印刷机的出现使复制作品变得又快又廉价，越来越多的人开始体会到了它的好处。

神秘的发明

大约在1400年，古登堡出生在德国美因兹的一个富商家里。在他宣布了印刷机这项伟大的发明之前，他的生活鲜有对印刷机的记录。也就是说，印刷机的发明过程一直是保密的。

◀◀ 灵感的火花

大约公元200年前，中国首先发明了利用雕刻木版将图案印在织物上的方法。在1045年，毕昇发明了用于印刷文字的活字印刷术。然而，由于中文包含了太多的文字导致印刷过程过于复杂，使得这项技术并没有持续改进下去。

印刷机

这是一台1811年制造的印刷机。其实它的运作原理与古登堡的设计十分相似

当印刷机下降时，印版和压纸格被挤压到一起，这样纸就被印上字了

金属字母排列在印版上，然后被刷上油墨

印刷技术的突破

古登堡的印刷机是欧洲首台使用活字技术的印刷机。这就意味着不需要为每页都雕刻新的印版，字母可以自动排列整齐。纸张不但能按要求印刷出来，而且还可以继续重新编排打印。这本圣经就是当时古登堡印刷机印刷的一部作品。

古登堡印刷的圣经装饰有精致的手工绘制的图画

杠杆用来控制印刷机的升降

纸张被一个称为压纸格的木框固定住

压纸格靠铰链转动，所以当它合上时，夹着的纸就会被压到印版上，蘸有油墨的金属字母版就被印在了上面

一旦压纸格与印版合起来，两者都会随着印刷机移动

改变世界

在当时，木质印版都是通过烦琐艰难的手工雕刻出来的。当古登堡的印刷机出现后，整本书的造价降低了许多而印刷速度却大大提升了。突然之间，知识和故事都可以很容易地被复制出来。它所带来的结果就是，教育突飞猛进地发展，人们对于知识和思想的交流也愈发紧密了。

印刷机的普及

古登堡的构想很快流传开来，于是印刷机在欧洲迅速地普及起来。到了1500年，欧洲的236座城镇每座城都至少拥有一台印刷机，并且共有2 000万册书籍被印刷出来。这的确是一个令人吃惊的数字，特别是对只有7 000万人口的欧洲来说。

一台印刷机一天可以完成一名抄书员一年的工作量

对于速度的需求

印刷机印刷的速度越快就意味着图书造价越便宜，以至于几个世纪以来，人们一直都在寻找古登堡印刷机的加速方法。

以蒸汽为动力

1811年，德国人弗里德里希·柯尼希和安德烈亚斯·鲍尔向人们展示了一台用蒸汽作动力的高速印刷机。它的印刷速度超过每分钟15页纸。

排版

1886年，奥特马尔·梅根太勒发明了一种叫作自动铸造排字机的印刷机。这种印刷机自带键盘，可以自动将字母排列为成行的字（也就是排版）。这就让操作者省去了很多麻烦。

今天的印刷术

现代印刷机已经由电脑控制并且进入了全自动化的新时代。纸张的移动、折叠和装订这些步骤全部都可以由机器来完成。

相关：万维网　见第38页；货币　见第114页；报纸　见第218页

水被存放在一个水箱里，并从这个入口流进马桶里

水从马桶边缘冲刷到整个马桶

先别说它叫什么， 你不得不承认家里最小的屋子往往也是最重要的。今天的抽水马桶还有庞大的下水道系统，要比便壶和其他危害环境的垃圾清理方式卫生多了。厕所的出现帮助人们安全地清理掉污物，并由此拯救了无数生命。我们现代的厕所则变得越来越方便，也愈发地注重私密性。最重要的是，它们闻起来可要比它们的祖先好多了。

皇家冲水

约翰·哈林顿爵士于1596年设计的"阿贾克斯"装置通常被认为是现代抽水马桶的鼻祖。它利用杠杆和重力将冲厕水箱中的水排出，并将阀门打开冲走污物。哈林顿也为自己的教母——英国的女王伊丽莎白一世安装了一个，但女王觉得这个马桶"很吵"。当时很少有人欣赏哈林顿的设计，甚至认为它一无是处。于是哈林顿的冲水马桶并没有马上流行起来。

污物会被吸进下水道或其他排污系统里

托马斯·特怀福德于1883年发明的称为"Unitas"的抽水马桶

◄◄ 灵感的火花

在发明抽水马桶之前，人们一直挖坑当作厕所。直到现在，在世界上的一些地区这个方法仍然很普遍。虽然大多数厕所已具备卫生功能，但考古学家发现，中国早在2 000多年前的汉朝，已经有可以用水冲刷的厕所了。

"Unitas"在俄罗斯取得了巨大成功

不同于以前的木制马桶，特怀福德使用了陶瓷作为马桶的材质

抽水马桶

冲水马桶凸起的边缘可以防止水流到外面

存水减少了厕所的臭味

气体被阻挡在水后方

少量水存放在厕盆里等待下次冲水

抽水马桶可以直接向下排水，也可以通过一个倾斜的管道来完成

这个马桶可以被螺丝和螺钉固定在地板上

危险的污物

从前，大部分的人类污物都被排入河流或人类徒手挖的深坑中，甚至大部分人都是将污物直接从便壶中往户外一倒了事。直到1850年，人们才真正意识到这些污物竟能导致疾病的流行——比如霍乱。

每个人一生中在马桶上度过的时间加起来大约有三年

厕所的标准

英国开始系统地建造下水道之后，英国政府于1875年颁布了一项法令：建造不带厕所的房屋是违法的。冲水马桶，这个缓慢发展了两个世纪的设计瞬间加快了脚步。托马斯·特怀福德是历史上非常成功的发明家之一，他于19世纪80年代制造出了首个整体的陶瓷马桶。在那之后的头5年里，他总共销售出了10万个马桶。

处理污物的方法

厕所和污物处理系统可以追溯到一些历史较久的城市。生活在印度河流域的人们建立了世界上首个排水系统，当时的设计可以让每家的排水系统都与中央下水道相连。人们也在古罗马发现了类似当今的复合污水处理系统。

排空

据推测，大约5 000年以前，印度河流域的巴基斯坦城市居民是将水倒入厕所来冲走污物的。下水道会将污物带离人们居住的地方，这不但保持了城市的清洁也能预防人们感染某些疾病。

看你什么时候"方便"

古罗马人建造了十分出色的污水处理系统，然而他们的厕所在我们看来未免也太"开放"了些。在罗马帝国灭亡后，污水处理的技术被废止了几个世纪之久。

相关：抗生素　见第8页；疫苗接种　见第12页

从19世纪晚期开始，全世界的发明家都在努力实现同一个梦想：那就是让移动的图片真正地动起来。直到20世纪20年代这个梦想才终于被一个叫作约翰·洛吉·贝尔德的苏格兰人实现了：他于1925年将电视展示给了公众。然而，他的成功并没有持续很久。

这张涡流盘是由保岁·尼普可夫于1884年设计出来的。它成了贝尔德发明的核心，这个把手可以开启圆盘，并能大致地控制它的速度

贝尔德的"锡炉"电视播放机于1930年开始售卖，但只售出了1 000台

这张盘使得贝尔德的电视播放机造型独特

这个把手可以开启圆盘，并能大致地控制它的速度

这个遥控装置可以将速度调节到与画面一致

早期的"电视先锋"

在20世纪20年代，全世界的发明家都在建立电视系统。在美国，查尔斯·弗朗西斯·詹金斯建立了一个机械系统，而美国人斐洛·法恩斯沃思和俄国人弗拉基米尔·兹沃利分别研究着电子系统。和他们为了共同目标奋斗的还有英国人艾萨克·舍嫩贝格和日本人高柳健次郎。

电视

贝尔德电视的运行原理

电视接收的信号使灯泡的亮度变化得非常快。观看者可以在一个高速旋转的螺旋图样的洞中观察到这个灯泡。移动的洞口和变换的明亮度一起形成了微小的移动画面，而放大镜则将画面放大了。

这个小屏幕用来显示移动的画面

贝尔德公司的标志是一个被云彩环绕的地球

分开设置的广播接收器与电视播放机相连，这样就可以接收到电视转播

电视播放机的影像是彩色的。比如图示中的红色，红光来自贝尔德安装的霓虹灯

▶▶ 前瞻未来

现在的电视机可以同时在一个屏幕上收看许多不同的频道。在未来，电视将会与人类的互动越来越密切。人们可以任意将镜头拉近放大或追踪自己喜欢的演员或体育明星，甚至在有他们的节目播出时，电视可以自动录下来。

更新换代

贝尔德的电视播放机是以旋转的硬盘为基础的机械装置。有一段时间，英国广播公司同时向电视播放机和电子电视机传送信号。终于，贝尔德的系统于1937年被废止了，而更高级的电子系统开始流行起来。

历史上首次电视转播可以看也可以听，只是不能同时进行

今天的电视

在不到一个世纪的时间里，电视已经从只能闪烁黑白画面发展成为又大又明亮的全彩色模式了。在大多数国家里，几乎每家都有一台电视机，它已经变成人们生活中的一部分了。

相关：LCD　见第42页；无线电　见第110页；电子游戏　见第228页

从剧本到大银幕

　　将剧本拍成影视作品是一个非常复杂的过程，这其中需要耗费大量的人力、物力。同时，制作的费用也十分昂贵，所以说能否控制在一定的时间和预算内完成拍摄才是至关重要的。执行制片人，也就是负责整个拍摄过程的人决定了谁在团队中负责将整个作品连在一起，谁来负责拍摄的完成品。

故事与生活的转换

　　我们通常会比较关注站在大银幕前的明星，却忽略了在银幕背后辛勤工作的剧组人员。导演的任务就是指导所有演职人员各就各位，一起将剧本搬上大银幕。在有关拍摄的仪器中，脚本编辑器也是十分重要的角色，它可以把不合适的台词或多余的场景更换掉。拍摄结束后，剪辑人员会将电影镜头剪接成连续的作品。

前期计划和剧本撰写

　　投拍电影的初期就是要先写剧本，并且讨论拍摄手法，然后就是建组、选演员了。

前期制作

　　接下来要做的就是把电影的每个场景都详细地计划好。搭建好场景、定演员，特技和特效也要准备好等待拍摄。

拍摄制作

　　大部分影片都会分阶段制作。其中一部分在搭建的影棚中拍摄，而另一部分则在外景拍摄。

包罗万象的电视节目

电视节目的种类有很多。依照剧本拍摄的节目种类有电视剧、话剧、纪录片，还有很多儿童节目。也有一些节目是没有固定剧本可依据的，比如体育转播和谈话节目，但这些节目的参与者也会提前了解节目的主题和问题等，为录制做好准备。新闻和周刊类的节目则结合了上述两者的特点。有一些综合性的电视台，可以播出很多种类的节目；也有一些像动画台和音乐台这样播出节目比较专一的电视台。大部分电视台是靠收取节目间隙的广告费赢利的。

电视摄影棚

场景设计师会为了某一个节目而专门设立一种场景。他们会利用布景和道具来制造出任何你能想象的场景：从五彩缤纷的丛林到普通的厨房或者洞穴都能制作得惟妙惟肖。

导播室

导演可以从监控室中看到各个方位的镜头，并利用电子控制器切换镜头。导演还可以通过耳机将指示传达给演职人员。

后期制作

在后期制作的过程中，电影片段被剪辑连接在了一起。音乐、其他声音和视觉效果也在后期制作时加进电视里。

播出

最终制作完成的电视节目会通过电视台播放，其中一些节目会被销售到国外。

> **"电视的神奇之处在于它可以让你足不出户就能体验百味人生。"**
>
> ——主持人、电视制作人
> 大卫·弗洛斯特

1883年

查尔斯·弗里茨

人类最先发现利用光照可以产生电这一现象是在1839年。直到1883年，历史上首个太阳能板才被美国科学家查尔斯·弗里茨利用硒和金发明出来。当时的太阳能板实用性还不太好，之后人们花了将近一个世纪的时间才发明出有效实用的太阳能板。

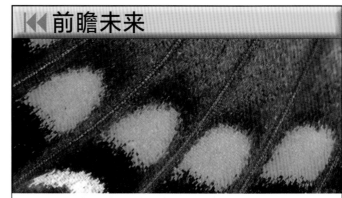

2008年，中国科学家将蝴蝶翅膀上的图案复制下来，并利用它们制造出了可以吸收光的电子装置。科学家们发现这种图案可以吸收到更多的光，它可以让太阳能板的吸光力更强，也就是说它会帮助太阳光更有效地转化成电。

太阳能

所有物质都含有电子。电子是十分微小的颗粒，并且每个电子都带有一个电荷。太阳能板是由一种叫作半导体的物质组成的。电子存在于半导体中，当阳光照射到太阳能板上时，电子会开始移动，这样就产生出了电。

"太阳挑战"

要想制造出有效的太阳能板需要攻克两个难关：第一就是要让它吸收足够多的阳光；第二就是要让它将这些光有效地转化成电。炎热、空旷又荒芜的沙漠就是一个非常理想的建立太阳能板阵列的地点。

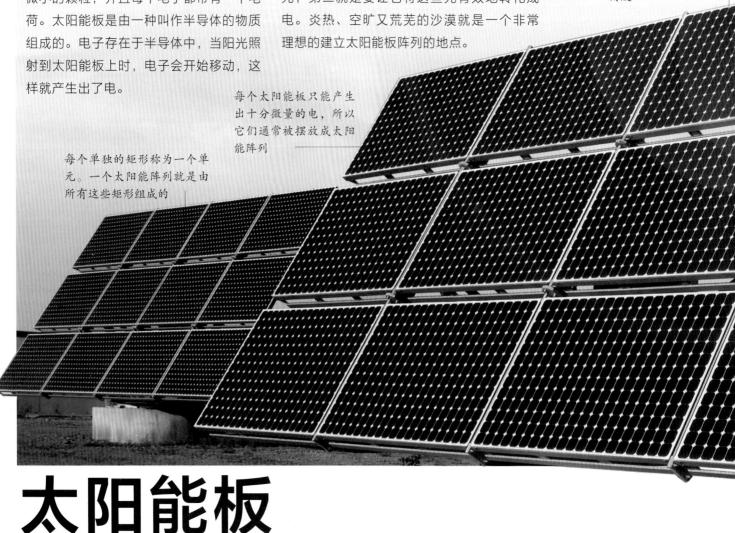

这些太阳能阵列被摆放至能吸收到最多阳光的角度

每个太阳能板只能产生出十分微量的电，所以它们通常被摆放成太阳能阵列

每个单独的矩形称为一个单元。一个太阳能阵列就是由所有这些矩形组成的

太阳能板

优越的性能

太阳能板不会产生污染和噪声，而且它不同于一般的电站，它只需要十分微量的电力就可以工作。制造大型或者小型太阳能板阵列的难易程度是相当的。除此之外，太阳能板还很轻很结实。它们甚至能在箱包这类可以移动的物体上使用。

与阳光赛跑

不是所有太阳能系统都要用到太阳能板。弧形的镜子有时也被用来聚集阳光和煮沸水。发电机也会用蒸汽来制造发电。

太阳能板的性能十分稳定，所以它们很少需要维修；但它们也需要保持洁净和正常的运转状态

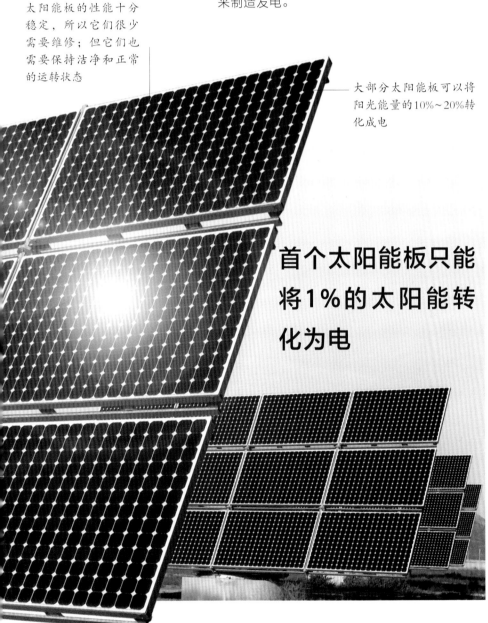

大部分太阳能板可以将阳光能量的10%~20%转化成电

首个太阳能板只能将1%的太阳能转化为电

更加廉价和高效

现在，太阳能板的造价变得越来越低廉，同时也变得更加高效了。它的适用范围较以前也更加广泛。

充电问题

在找不到插座时，对于手机充电来说，太阳能充电器将会是一个非常理想的选择。笔记本电脑的充电问题也能靠它来解决。

更便宜的停车计时器

停车计时器往往装有太阳能板，这是由于户外有足够的阳光可以为其提供电能。

伴着阳光飞行

这项试验性的远程控制飞机是利用太阳能作为动力飞行的。它身上装有电池，所以即便是日落以后也能再坚持飞行一段时间。

相关：手机　见第134页

清洁能源

在当今社会里，家用、车用和工业用能源大多来自煤、天然气和石油。由于这些燃料是几百万年前植物或者动物的残留物形成的，所以它们也被称为化石燃料。这些燃料有两大问题：其一就是当它们燃烧时会产生一些对地球生物有害的污染物；其二就是很多科学研究认为，它们已快消耗殆尽了。

寻找新能源

科学家一直在寻找新能源来满足人们日益增长的能源需求。原子能就是一种不错的替代能源，然而建立核电站的花费十分昂贵，且它们所产生的危险性废物也很难安全地清理掉；于是人们又把目光转向了如太阳能这样的可再生能源。虽然这样的能源永不会被用尽，但它们也有缺点。

地球动力

地球具有内热的特性。在冰岛，这种热甚至可以将地表的水也变热。右图中是一个地热能站，它利用沸水来发电。在冰岛，绝大部分的能源来自地下。

潮汐能

海岸线和河口的水位会随着每天两次的潮汐有涨有落。挡潮闸上安有以下落的潮水为动力的涡轮机，这样就产生了潮汐能。图中所示的就是法国兰斯河的挡潮闸。

水力发电

世界上的可再生能源大部分都来自水力发电系统，它们都是以下落的水为动力发电的。水力发电系统十分稳定、清洁并且耗费低廉，然而建立大型水力发电站通常需要大量的混凝土（会释放温室气体）并且会干扰到人类和野生生物的生存环境。中国是目前世界上拥有水力发电站最多的国家。

阿罗罗克大坝

左图中展示的是美国爱达荷州的阿罗罗克大坝上水流一泻千尺的壮观景象。这座大坝建于1915年，在当时它是世界上最高的大坝。

> **总有一天，人类可以自如地掌控潮起潮落，甚至将阳光收入囊中。**
>
> ——美国发明家托马斯·爱迪生

沼气

在特定条件下，腐烂的植物和肥料可以产生液化甲烷气，这种气体可以燃烧或储存起来，也可以给一些特定种类的汽车作燃料。左图中这个印度的沼气消化器可以为烹调和照明时提供理想的液化甲烷气。

在18世纪时，电流还是一种神秘的、令人兴奋的现象，很多科学家都在争论它到底是什么。一些人认为它来源于生活本身，但当意大利物理学家亚历山德罗·伏特发明出世界上首节电池时，他向世人宣告了电流可以由化学元素制造出来。又过了一些年，人们才找到电流的实际用途，电池的作用也随之变得重要起来。

首节电池

亚历山德罗·伏特的发明很快有了一个新名字：伏打电堆。这种物质是由铜堆和锌盘组成的，其中每片都被用盐水浸泡过的棉布分隔开来。用的盘越多，产生的电压越高。直到1896年，电池才开始公开销售。

电流在这条电线中流动

玻璃棒支撑着整个盘堆

铜和锌盘

伏打电堆

当代的电池都是标准化生产的，这节5号电池可以产生1.5伏的电压

死后的抽动

18世纪90年代，意大利人路易吉·伽伐尼用金属仪器触碰死后青蛙的神经，使青蛙的腿抽动。他说这是由于青蛙的身体里存在着"动物电流"，但伏特证实了这种现象是由于使用了不同种类的金属造成的，就像伏打电堆那样。

电池的原理

就像人类是由心脏来给人体输送血液一样，电池会利用储存在化学药品里的能量来将电流"推"出去并形成电流。电池的电压就是测量这种"推力"具体有多大的依据。

电池

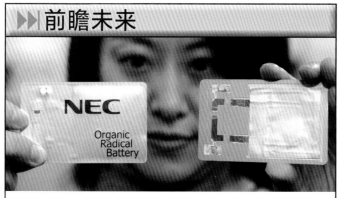

这些有机的放射性电池是可以弯曲的，它们只有不到1毫米的厚度，并且能够在30秒内充好电。它们不需要使用有害的金属元素就能制造出电。也就是说，它们可以在使用后被安全地扔掉而不用担心污染问题。

将电池储存在冰箱里会让它们的使用期限更长

电池中的有害化学物质会对环境造成污染，所以电池都应该被回收再利用

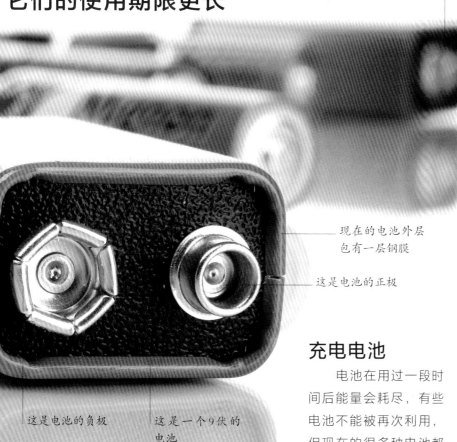

现在的电池外层包有一层钢膜

这是电池的正极

这是电池的负极

这是一个9伏的电池

充电电池

电池在用过一段时间后能量会耗尽，有些电池不能被再次利用，但现在的很多种电池都可以连接电源进行充电后继续使用。

各种各样的电池

今天，电池种类变得越来越多，用来产生电流的化学物质的种类也不尽相同。它们都有着不同的实际用途。

铅蓄电池

汽车中通常会使用铅蓄电池。虽然铅蓄电池很重，但是它们电力十足，并且可以通过汽车上的发动机充电。

锌空气电池

微小的锌空气电池被用来放入助听器里。它们需要接触到空气中的氧气才能开始工作。

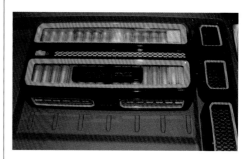

锂电池

这种电池通常用于笔记本电脑、手机和电动车里。锂电池的优点在于可以充电、重量轻并且性能持久。

相关：电报机　见第34页；电动机　见第62页；太阳能板　见第86页；电动车　见第166页

　　环顾四周，计算机的微信息处理器无所不在：在你的iPod、电话、电视和电子表中都有它的存在；汽车则会使用到几十个微处理器。如果没有它，我们的生活将会变得大不相同：很多器件会变回巨大的体积，造价也会更高，性能也不会像现在这样稳定。如果没有微信息处理器，有些器件甚至根本不会被发明出来。事实上，这个小玩意的出现对人们生活的影响比近50年里的其他所有发明都要大。

历史上首个微信息处理器只有拇指般大小，然而它却拥有和在当时能占满房间大小的计算机一样的性能

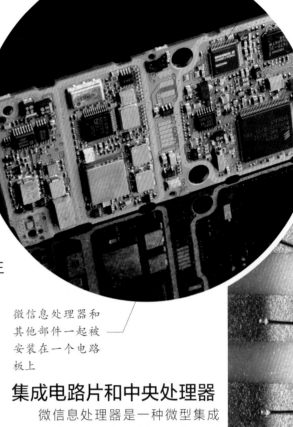

所有移动电话都装有微信息处理器

很细的电线让集成电路片可以连接其他设备

微信息处理器和其他部件一起被安装在一个电路板上

▶▶ 前瞻未来

　　在未来，外科医生也许可以将微处理器植入人类的大脑中来代替损坏的细胞。这样的话，像失明和失聪这类由于脑细胞损坏而导致的疾病就可以被治愈了。

集成电路片和中央处理器

　　微信息处理器是一种微型集成电路片（硅芯片）。其实它是一种大部分由硅组成的装置。微信息处理器的体积非常小，小到只有用放大镜才能看清它的构造。微信息处理器工作起来就像一个微型的计算机，它可以掌控整个设备运行，对数据进行分析和计算，并做出最后的决定。右图中所示的是1978年出品的英特尔的"8086"型号微信息处理器。这台"8086"曾在美国国家航空航天局的太空飞船中使用过。

在硅芯片上罗列着30层不同的材料

一些微信息处理器带有2.91亿个晶体管

微信息处理器

飞速的发展

自1960年以来，如果汽车的发展速度能赶上微信息处理器的发展速度，那么今天的汽车将会变得非同凡响：设想现在汽车的发动机只有3毫米长，而驾驶速度可达39万千米每小时，最夸张的是它的造价会便宜到你甚至可以用兜里的零钱来买一辆车！这将是多么不可思议的一件事！

要想制造出一个单一的微信息处理器需要300个步骤

世界第一

世界上首个英特尔"4004"型号商业用微信息处理器是被美国英特尔公司的设计师费德里科·法金和泰德·霍夫还有日本毕茨坎姆公司的设计师岛正利设计出来的。这种型号的微处理器于1971年开始投入市场销售。它只有13平方毫米大小，并装有2 300个晶体管（晶体管是一种可以控制和改变电流的装置）。

相关： 机器人　见第68页；苹果电脑　见第96页；手机　见第134页；卫星导航系统　见第184页；电子游戏　见第228页

从真空管到微信息处理器

虽然许多重要的电器装置，包括电动马达和发电机都发明于19世纪，但大多数当今科技成果的起源却要追溯到20世纪电子仪器的发展。电子配件依靠控制一种名为电子的微小粒子的移动来改变电流强度和方向。晶体管的发明是这类技术发展的一个里程碑。首枚投入使用的晶体管是由美国工程师华特·布莱坦和约翰，巴恩迪于1947年制造的。联合该项目的领导者威廉·肖克莱，1956年他们的发明被授予了诺贝尔物理学奖，以奖励其为电气事业发展做出的突出贡献。

早期装置

首批问世的电子仪器发明之一，是由李·德·福雷斯特在1908年申请专利的三极管（热阴极电子管）。它实际上是一种叫放大器的仪器，其作用是增强电子信号，因而曾被用于改善无线电发射。早期的电子设备不但体型庞大，稳定性也很差。另外，由于是全手工制作的，因此成本也非常高。当今的同类产品，则有电脑帮助完成其设计并由机器来完成它们的制造。

> **❝我们已经来到了一个电子的时代，是时候将那些古董扔掉了。❞**
>
> ——莫妮卡·爱德华兹，英国儿童出版物作家

彼时今日

直至20世纪中期，电子学的应用范围仍然局限于广播、录音和电影。而今电子学已经衍生为大多数科技中不可分割的组成部分。许多早期的设备中包含真空管的应用——一种包含很少或完全没有空气的容器。今天，大多数电子元件则由硅制成，它可用于控制电流。后者不仅在体积上比真空管细小，在性能上亦是更胜一筹。

热阴极电子管

这种真空管的作用是可以改变或中断电流。它们含有细小的加热器并能像灯泡一样发光。上图中所示的是非常早期的热阴极电子管。

早期电脑

早期的多数电子计算机，例如上图中所示的这一台，拥有数以千计的热阴极电子管。虽然这些电子管经常由于高温被烧坏，但是这并不影响机器的运转。

晶体管

晶体管有着与电子管相似的功能，但体积更小、更结实，而且拥有省电的优点。上图中展示的是世界上第一个投入使用的晶体管，由沃尔特·布拉顿、约翰·巴丁和威廉·肖克莱共同发明于1947年。

微芯片

上图中展示的为首批问世的微芯片——由不同电子元件组成的集成电路放置于同一块硅体上。该微芯片只包含了5个电子元件；而当今的芯片上含有数以百万计的电子元件。首批微芯片于1961年开始发售。

微处理器

微处理器问世于1971年，上图中展示的是首批用于商业性质的微型处理器，英特尔4004。在相当于指甲盖大小的区域内，这种微型处理器能每秒执行92 000个指令，并履行大多数电脑的职责。

半导体收音机

收音机在20世纪期间非常普及，但直到半导体的问世，它们才变得便于携带。收音机也常被称为半导体收音机。

起搏器

起搏器是植入人体内用于帮助人类维持正常心跳的装置。这种微小的装置完全依靠微芯片的微小体积、可靠且省电的优良性能发挥作用。

移动电话

首部移动电话诞生于20世纪70年代，然而当今世界一半以上的人口都持有至少一部移动电话，它们都包含有微晶片。

95

现成的机器

大多数低成本的电脑都是以不计其数的零配件拼起来的形式出售的。苹果Ⅰ代电脑却被设计成一块完整的集成电路板，用户只需要将该电路板与其他单元连接上即可。沃兹尼亚克和乔布斯手工制成了仅200台苹果Ⅰ代电脑。

与大多数在当时普遍使用的电脑不同的是，苹果Ⅰ代电脑使用电视机（连接在这里）来显示

苹果Ⅰ代电脑的拥有者们非常热衷于炫耀"苹果"这个品牌名称

苹果Ⅰ代没有鼠标、颜色、声效或制图的功能

这个装置可以连接一个小电视

一种基础语言

苹果Ⅰ代电脑之所以盛行，部分原因是它可以使用基本语言编程。这种语言相对于其他电脑语言而言，拥有更简易的规则，因此更容易被人们学习并使用。使用者能够编写他们自己的程序——通常为一些基于文字的游戏。与此同时，人们也可以将录音机插入苹果电脑，这样一来这些节目就可以被保存到磁带里了。

1976年时，大型电脑大都被摆放在办公室和工厂里，很少能够见到它们出现在人们的家中。史蒂夫·沃兹尼亚克和史蒂夫·乔布斯发明的简易式电脑则帮助人们改变了这一切。他们创造的第一台电脑，苹果Ⅰ代并没有立即得到大众的追捧。然而，随后的苹果Ⅱ代电脑则获得了极大的成功，它很快被人们所接受并作为家庭使用的电脑出现在世界的各个角落。

键盘上只有大写字母

苹果电脑

◀◀ 灵感的火花

英国商人查尔斯·巴贝奇在19世纪20年代时就设计发明了第一批电脑，然而他并没有能够制作出一个完整的版本。这些电脑是机械，而非电子设备，并依靠手动或蒸汽动力启动。

苹果Ⅰ代电脑的外壳通常由他们的拥有者用木材制成

键盘是由买主自己设置的，因此一部分苹果Ⅰ代电脑拥有独特的按键

苹果Ⅰ代系列电脑的售价为666.66美元，大约相当于今天的2 000美元

简易启动

苹果Ⅰ代电脑在当时来说，是一种极其便于使用的电脑。它只需要按下一个按钮就能轻松启动，而其他的电脑则在每次开机时，都需要设置多个开关。

目前，尚有不足100台的苹果Ⅰ代电脑仅存于世——它们在拍卖市场中常以数万英镑的价格出售

电脑历史中的里程碑

从第一台电子电脑诞生至今不到一个世纪，其发展的速度堪称奇迹。

Pilot Ace（通用电子计算机），1950年

这台Pilot Ace（通用电子计算机）是当时全球首台完善的电脑，由英国科技界先锋阿兰·图灵设计并制造完成。用户可购买使用时间，并用其完成他们所需的计算。

IBM 5150，1981年

IBM个人电脑的盛行，使得其他制造商在短时间内迅速生产出与其相似的机器，带有独立键盘、显示器、机箱和打印机。

掌上装置

今天，大众普遍使用兼容了电脑、移动电话、照相机和MP3播放器功能的小型装置。

相关：万维网　见第38页；微信息处理器　见第92页

沃兹尼亚克和乔布斯

史蒂夫·沃兹尼亚克和史蒂夫·乔布斯制作苹果Ⅰ代只为娱乐，但是乔布斯对于开公司也十分感兴趣，因此他们在1976年时，联合成立了苹果电脑公司。最初，他们仅预计在当地的电脑俱乐部销售苹果Ⅰ代电脑，但是一份来自当地电脑销售商店的50 000美元订单宣告着一个不同寻常的开始。

沃兹尼亚克和乔布斯的相遇

1974年，沃兹尼亚克和乔布斯加入了自制电脑俱乐部。在那里，他们从其他业余爱好者建造的电脑系统中得到了启发，例如左图中的这一部。

自制电脑系统

车库里的公司

他们决定开发属于他们自己的电脑，并出售其电路板，在乔布斯的房间，他们设计出苹果I代的雏形，随后，开始在车库里展开制作。

乔布斯的家

苹果I代

二人最终制造出了这些苹果I代电路板，由于无法负担元件的费用，因此他们承诺供应商在电路板出售后支付开销。

苹果I代电路板

苹果II代

沃兹尼亚克和乔布斯在苹果I代的开发与销售中，学习到了许多宝贵的经验，因此他们接下来开发的苹果II代系列电脑，获得了更大的成功。

苹果II代电脑

成功

沃兹尼亚克和乔布斯最终成名，变得富有和成功。在接下来的几十年间，他们孜孜不倦地对苹果电脑进行再开发和完善。

乔布斯（左）和沃兹尼亚克（右）1984年

全球化

苹果电脑在世界范围内被人们广泛使用，巨大的成功也使得苹果公司在世界各国都设立了自己的办公室。

苹果iMac电脑

一个成功的品牌

当沃兹尼亚克和乔布斯向一个广告公司咨询建议时，他们被告知"苹果"这个名字对于一个电脑品牌来说，并不是一个非常好的选择，但是沃兹尼亚克和乔布斯认为，苹果象征健康，并常常出现在人们的家中，这些恰恰都是他们的电脑应该具备的品质。现如今，苹果成为世界上最知名的品牌之一。

便捷的装置

每天，我们都在使用着数以百计的给生活带来无限便利的发明。人们对它们如此的熟悉以至于常常忽略其本身的价值。然而，想象一下，如果生活中没有了这些发明会怎样……

炉门附着一层金属微孔网以防微波泄漏

炉腔内用导热材料做衬里，如金属，它把微波能量反弹回炉内和食物上

转盘转动以确保食物烹饪均匀

食物可放入一个在高温下依旧性能稳定的材质制成的袋子中烹饪

微波炉是20世纪最有用的发明之一。 与普通烤炉相比，微波炉烹饪或加热食物的时间大大缩短。我们还可以用它重新加热食物，这样也减少了浪费。微波炉对生活忙碌的人来说不仅仅是个节省时间的事物，它在烹饪过程中也很好地保护了食物的营养，它同样也为人们提供了一个更为健康的烹饪方式。

微波炉

产生微波

微波炉的心脏是磁控管，它的正负电极在一个强磁力的磁铁两极点之间。产生于负电极的电子（带负电的粒子）在高压作用下被正电极吸引。磁铁使得电子绕着正电极盘旋，由此产生微波。

最新型的微波炉能联网，你可以在等待的同时浏览食谱或电子邮件

捕捉微波

磁控管内的天线接收微波并将微波沿着波导管（金属管）送入烹饪炉腔内。炉内顶部的旋桨将微波均匀地分散。金属衬里将微波反射到食物上。

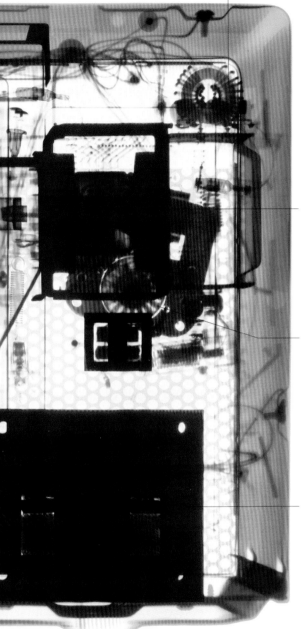

这个盘管帮助防止烹饪炉内的异物进入电力系统

磁控管在电压作用下，连续产生微波，经波导系统耦合到烹饪炉内

风扇防止磁控管组件过热

高压变压器将家用电压变成很高的电压，为电磁管提供满足其工作需求的电压

靠"移动"做饭

食物只有内含一定量水分才适合在微波炉里烹饪。食物中水分子的"移动"是为了跟上波动。水分子移动的速度非常快，使得水温升高，由此来烹饪食物。

酷炫科学

风扇 / 旋桨 分散微波   波导管将微波传进烹饪炉内   磁控管发出微波

微波通过烹饪炉的金属衬里反射到食物上   风扇   变压器

微波以每秒24.5亿次的频率振动。在烹饪炉内，食物中的每个水分子都试图与微波"站成一队"；之所以这样是因为一个水分子是天然的偶极分子——一头正极，另一头负极。

相关：冰箱 见第58页

第一台微波炉

微波炉的工作原理相当于一台雷达发射机，这并不奇怪，因为它的发明者——珀西·斯宾塞曾经设计和制造过帮助盟军赢得第二次世界大战的地面雷达装置、舰载雷达装置和机载雷达装置。自从斯宾塞在20世纪40年代发明了第一台微波炉，微波炉得到了迅速的发展，尺寸越来越小，并开始进入家庭。

灵感来自巧克力

斯宾塞是在1945年的一次研究与雷达有关的项目时萌生了发明微波炉的念头。当时他正在测试磁控电管，发现放在口袋里的巧克力棒融化了。他决定对此做个研究。刚开始，他试着用爆米花做实验，结果确实爆开了。然后他在水壶上挖了个洞，把一个鸡蛋放进去，把磁电管对着洞口，结果鸡蛋爆炸了，溅了正在旁边看实验的同事一脸！

珀西·斯宾塞

当美国人珀西·斯宾塞还是个求知欲强的青年时，就自学了电气工程的基本原理，稍后在美国海军服役期间学会了无线电报技术。他开始从事制作无线设备并在20世纪20年代进入了雷声公司。

"当巧克力棒融化……一道闪光，灯亮了。"

——劳伦斯·K.马歇尔，雷声公司联合创始人之一

第一台微波炉

斯宾塞发现磁电管可被用作热源，在他的研究下，第一台雷声牌微波炉诞生了。早期微波炉尺寸大且不实用：研究人员研制一台微波炉需要5 000美元成本，而微波炉工作时温度太高还需要用水冷却。1947年雷声公司推出第一代微波炉——"雷达炉"，依旧是体积如冰箱大小，成本是2 000～3 000美元，但是人们已经开始对它的发展潜能产生兴趣。1967年，阿玛纳（雷声旗下的公司）出品了第一台真正意义上的家用微波炉。它的价格不到500美元，可放置在厨房的灶台上。

冰箱大小的微波炉

尽管有了很多创新，但是雷声公司的独创微波炉个头太过庞大以至于没有什么市场。另外，因它的价格很高，所以首次销售额令人失望。

台式微波炉

第一台家用微波炉"阿玛纳"使用居民用电，只有两个按钮"开始"和"灯"，还包括两个控制旋钮，一个是控制烹饪时间在5分钟以内，另一个是控制稍长烹饪时间在25分钟以内。

1969年

威拉德·博伊尔和
乔治·史密斯

**数码相机改变了人们
的拍照方式。** 数码相机中心部
位使用的技术在科学和工业上几乎
已经完全取代了摄影用的底片，而
航天员因此能够在宇宙空间看到一
度看不见的物体。看看身边，用手
机、电子邮件和互联网分享数码照
片已经变得如此简单，它正改变着
我们记录日常生活的方式，甚至影
响着新闻和政治。

**美国国家航空航天局的
PS1望远镜用13万像素相
机搜寻附近的小行星**

使用者通过
这个镜头调
整图片

从化学到数码

传统相机，像这台1901
年的伊斯曼柯达相机，使用
化学胶卷记录影像。20世纪
中期，政府想通过间谍卫星
照相，但是向地球传送胶卷
是不可能的事。这就需要运
用一项新技术，将影像记录
在电脑上，然后将它们以数
字信号传回去。

镜头将被摄影像聚
焦在感光胶卷上

所有数码相机都
需要电来工作

**伊斯曼柯
达相机**

胶片中的化学
物质与光反
应，产生影像
记录

酷炫科学

光通过镜头

相机测量光中每
种颜色的含量

图像落在网格状
感光像素上

电荷耦合元件（CCD）将
照片分解为上百万个小方块，
称之为像素。相机测量每个
像素点上的光色和光亮并将
信息储存，这样电脑可借此再
创造图像。数码照片事实上
是由一连串数字画出照片中
的每个像素而产生的。

数码相机

硅"脱颖而出"

1969年，威拉德·博伊尔和乔治·史密斯发明的CCD，标志着数码相机技术研究取得了突破性进展。他们发现这些光敏硅芯片可以用电记录图像。1973年，一位柯达公司的工程师用CCD制作了第一台数码相机，个头和烤面包炉一样大，这台数码相机用了将近一分钟记录，然后显示出一张100万像素的照片。

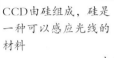

CCD由硅组成，硅是一种可以感应光线的材料

大部分数码相机用液晶显示而不是取景器

辅助聚焦灯能帮助相机在光线暗的情况下聚焦

许多相机也能记录动态影像

这个按钮控制着相机的许多功能

摄影师按这个按钮可以立刻看到影像

当光线不足时闪光灯可使图像更明亮

显示屏与CCD相反，它把一个数码变成上千像素，以此成像

一台1 210万像素的相机，它的CCD有1 210万个像素

相机通过调节快门速度和孔径尺寸来控制达到CCD的光量

这台相机有一个变焦镜头，它能让物体或人看起来更近些

这些数字反映出从镜头到传感器的距离范围

数字成像

今天的数码相机更小、更快，它们有着更多像素和更大内存，但是依旧使用CCD技术。CCD的感光度是胶卷的100多倍，它改变了科学家探索宇宙的方法。CCD技术也用于扫描仪、复印机、条码阅读器和数码摄像机。

相关：LCD 见第42页；微信息处理器 见第92页；条形码 见第122页

在13世纪初发明用放大镜片做的眼镜之前，矫正差视力是不可能的事。眼镜让学者、作家和工匠们能在晚年继续工作，这给科学、艺术和工程带来巨大进步。15世纪50年代，随着印刷品的出现，便宜的大批量生产的放大镜变得流行起来。可协助看到一定距离物体的带镜片的眼镜业也发达起来。

本杰明·富兰克林

复视觉

看近处的和看远处的物体需要不同镜片。美国政治家和发明家本杰明·富兰克林不喜欢在阅读的时候更换眼镜。因此他发明了一种"双重眼镜"：一个框架带有两种镜片。这种眼镜逐渐演变成今天的远视近视两用眼镜。

酷炫科学

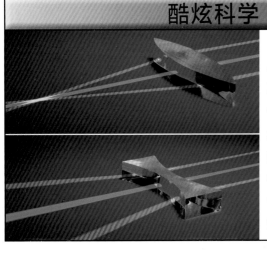

人们不知道眼镜的原理，直到1604年约翰尼斯·开普勒才解释了它的作用。放大镜（顶部）通过光向内偏折集中在眼睛的后部来矫正远视眼。近视眼对光太过集中，所以他们需要把入射光向外偏折的镜片（底部）。

夹鼻眼镜

第一副眼镜没有镜架但却架在眼前，人们称之为夹鼻眼镜，即架在鼻子上。人们要试不同的镜片直到他们找到合适的那副。19世纪，医生和制作眼镜的技师开始检查眼睛来规定镜片适合的度数。

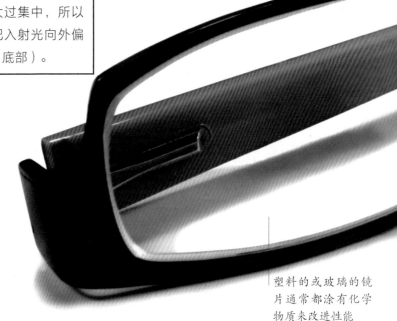

塑料的或玻璃的镜片通常都涂有化学物质来改进性能

眼镜

神奇的塑料

20世纪，新型材料的出现让眼镜由医学辅助用品转变成时尚配件。我们用塑料制成重量轻、色彩丰富的镜框，以及无框，但用尼龙绳固定镜片的眼镜。后来人们又研发了记忆金属，它可使镜框压扁后弹回原来的形状。人们开始购买昂贵的名牌款式，一些视力非常好的人甚至开始带平光眼镜。

能放在耳朵上的带镜腿的眼镜首次出现于1730年前后

镜架让镜片和眼睛保持合适的高度和距离

鼻垫分散眼镜重量，让人感到更舒适

高科技镜片

我们现在用塑料制作镜片和镜框。塑料镜片比玻璃镜片更轻更耐用。涂上特殊化学材料可以使它们具备防剐蹭，甚至能自动变暗的功能，由此保护眼睛不受来自太阳紫外线的伤害。

提高视力

将近600年，眼镜是矫正许多视力问题的唯一方法。一些人觉得眼镜不方便，或者希望戴着眼镜却不改变外表，因此眼科专家开始研发新技术来提高视力。

隐形眼镜

1887年，隐形眼镜问世。镜片是厚重的玻璃制成的，不能长时间佩戴。现在超过1亿人佩戴更为舒适的隐形眼镜。

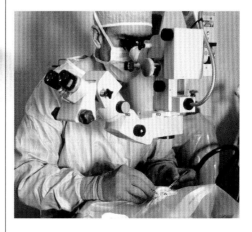

塑料植入

只需20分钟，一个手术用塑料晶状体就可替代眼睛的晶状体，而且手术过程中病人是清醒的！这个手术已经帮助上百万白内障（浑浊晶状体）患者恢复视力。

将近1.5亿名美国人戴眼镜，
几乎占美国人口的一半

相关：显微镜　见第14页；印刷机　见第78页；太阳镜　见第230页

无线电诞生于1888年，**海因里希·赫兹**提出并探测到隐形电磁波，它就像可视光线一样可以穿过太空。1901年，意大利人伽利尔摩·马可尼用这种无线电波发射了一个摩斯电码，信息横越大西洋，受到世界瞩目。紧接着，不计其数的运用无线电技术的应用出现，从船与陆地之间的通信到大众广播、雷达和航天卫星。今天的无线装置，如游戏机、手机都使用无线电。

无线电波能把来自386 600千米以外月球上的声音传到家中

收音机内部的接收器解码金属天线获得的无线电波

▶▶ 前瞻未来

科学家研究微型"智能"无线电系统监控医疗装置，如血袋。信号传到中央单元可以警示医生血是否过暖或者这袋血是否是病人所需血型。

发信号

无线电发射器通过电流发射无线电波，然后通过改变电波来传播信息。各种各样的振幅和波长能够呈现出所要表达的声音，如演讲或音乐。改变振幅叫调幅（AM），改变波长叫调频（FM）。

无线电

接收信号

像所有电磁辐射一样，无线电波以光速传播——大约30万千米每秒。上千个无线电信号正从你身上穿过。无线电接收器解码信号，然后复制发送声音信号。接收器里面，一个叫晶体管的设备改变和增强电信号。它们将无线电信号转化为电流以此激活扬声器。

数字信号能够传载额外信息，比如你正在收听的广播名称

带有发条装置的收音机靠手动上弦供电，用在没有稳定电源的贫困和偏远地区

每秒有上百万个无线电信号进入收音机——调谐器一次只能选一个频率或信号

电流使扬声器开动，发出我们能听到的声波

我们世界的无线电

很多形式的信息是由无线电信号传送的。起初，它们用于私人通话。20世纪20年代，无线电信号开始用作广播向大众播放。

收听

无线电广播是单向传送的，给我们的家、车和无线装置带来新闻和娱乐。无线电波向电视传送图像，也传送声音。

通信

双向无线对讲机发送并接收信号，使用者之间可以谈话。它们很适合于飞机、船和紧急车辆通信。

无线电操纵

由无线电控制的玩具从手持遥控器接收信号。

相关：电视　见第82页；手机　见第134页

马可尼

　　伽利尔摩·马可尼不是用无线电波发信号的第一人，但是他证明了无线电远距离工作的可行性，并把无线电投入实际应用，从而改变了世界。马可尼一生致力于改进无线电技术，给我们带来了"船到岸"的移动通信、雷达和大众广播。他在研究的过程中变得富有而著名。

记分员

　　马可尼（左）将他的经验和成就与首席助理和朋友——乔治·肯普（右）分享。肯普保存着一本记录他们工作的完整日记。

调谐信号

随着无线电信号长距离发射，一个问题显现出来。从不同地方发出的信号会互相重叠和干扰，因此马可尼开发了发射器（左）和接收器，调谐发射和接收固定波段的无线电波。

早期实验

马可尼在意大利他父母的阁楼里开始做无线电实验，他在那儿建造用于发射简单摩尔斯电码信号的装备，并在长达两千米的距离发射无线电信号。后来，马可尼到英国工作，通过做一系列展示吸引了媒体的注意。1897年，马可尼利用他的技术成立了公司。1901年，他发射了第一个横跨大西洋的无线电信号。

成功的故事

马可尼在没拿到学位的情况下离开了学校，在1909年获得诺贝尔物理学奖。他的公司致力于研制雷达，该技术在两次世界大战中都发挥了关键作用。马可尼不断改进无线电通信技术直到他1937年去世，为了表示对他的尊重，上千人伫立于街道两旁为他送行，世界上所有的无线电发射器停止工作两分钟。

海上灾难

马可尼的设备使船只横跨大西洋的全程都用无线电保持联系成为可能。1912年，"泰坦尼克号"的灾难证明无线电是多么重要。船撞击冰山以后，无线电报务员向附近船只发出遇险信号，挽救了约700人的生命。

长距离信息

马可尼获得调谐技术专利帮助他达成横跨大西洋发射无线电波的梦想。1901年12月12日，一个摩尔斯电码信号从英国一个巨大的发射器（左）到达马可尼身处的2 900千米以外的加拿大。

广播的诞生

1920年，无线电波不仅可以传播演讲和其他声音，也能传播摩尔斯电码。马可尼的公司组织了世界上第一个直播音乐广播——著名歌唱家内莉·梅尔芭夫人（左）的演唱会。公共广播时代拉开序幕。

古代硬币

　　古代利迪亚王国（现土耳其西部）在大约公元前650年制造硬币。这些被称之为古代希腊的金币单位，由金、银或两者混合制成，有各种面值。不久，相邻的文明也开始使用硬币。

东方货币

　　中国人也发明了一套货币体系，但它是如何发展的，至今仍然是个谜。中国古代王朝很可能早在公元前700多年就已经开始制造和使用布币——由青铜铸成，形似小型农具，比如铲和刀。

利迪亚通过图案来规定金币的面值，一般是将动物图案压制在金币背面

利迪亚金币

人们曾使用过动物毛皮、椰子、盐、犬牙甚至人类头骨作为货币

这个铲形布币可穿挂在项链上

布币纹理包括一个氏族姓名、地名或重量

古代中国布币

自由女神手持火炬和橄榄枝——象征启蒙与和平

金双鹰，1933年

这枚硬币内含97%的金和3%的铜

　　货币以某种形式存在已超过6 000年了。 早期文明商业行为的形式是实物交换，但是用一桶大麦或一头牛来买东西并不是容易的事。为此人们开始用稀有金属块或其他珍贵物品代替，作为价值的象征。大约2 500年以前，它们变成标准化金属硬币。今天我们仍旧使用硬币，还有纸币，但我们花钱和收钱已经可以全部通过互联网完成，而现金可能将逐渐变成过去时。

2002版20欧元纸币

纸币正面印着欧盟旗帜

由于欧元使用者说不同语言，所以面值只用数字表示

货币

纸币

中国同样也发明了纸币，始于北宋时期的交子——持有者可用来交茶税和盐税的纸张。中国人首次印制官方纸币的时间为12世纪末期，比西方国家流行纸币早五六百年。

◄◄ **灵感的火花**

许多古代文明用贝壳当货币。美洲印第安人部落将蛤壳加工成贝壳念珠——然后珠子可以拿来交易商品。贝壳念珠很珍贵，因为他们需要花很长时间来制作它。

货币收藏

硬币向我们展示了另一种文化，使得货币学（研究或收集硬币）可以这么迷人。但稀有硬币通常很昂贵。我们所看到的这枚20美元的双鹰硬币拍卖价格高达759万美元，这使它成为世界上最贵重的硬币。

由于这款硬币已被政府回收并熔铸成金条，所以这款硬币大概仅存20枚

这张纸币是印有欧洲建筑风格图案的欧元纸币中的一种，这张是哥特式风格

欧元在欧盟19个国家内使用

纸工程

1295年，探险家马可·波罗曾写道：中国纸币太容易破烂，人们经常因为这个原因将它们弄丢。现代纸币相比之下结实得多。人们可以将纸币放入智能验钞机检验真伪。

打击伪造

这张马来西亚纸币被紫外光照射后表面会浮现一张全息图和一个彩虹条纹。从17世纪开始，人们就在钱币上印水印；也会在钱上印非常小的字母，只有通过高倍率的放大镜才能看到；或是影印图像，改变方向能显影。

塑料现金

大多数纸币是由棉纤维和亚麻纤维制成。目前在澳大利亚、新西兰和一些亚洲国家使用一种塑料印制货币。这种塑料货币不仅币面结实还防水，币面很容易保持干净并且使用时间比纸币长5倍。

相关：信用卡　见第116页；收银机　见第118页

信用卡改变了人们使用货币的方式， 随着信用卡等卡片的出现，几乎没有人会携带着大笔现金出行。取而代之的是一张张能够让人们购买物品、支付账单并在世界各个角落都能够提取现金的塑料薄卡。现代信用卡内含芯片以保障持卡人的钱财及个人信息的安全。

2004年，加利福尼亚一个名为史蒂夫·布尔巴的人，开玩笑地为他的狗——克利福德申请了一张信用卡，获得了批准

发行信用卡的银行名称印在卡片的正面

卡号是独一无二的，它用于识别信用卡的发行银行和持卡人的账号

每张智能卡上的电脑芯片都在相同的位置，机器可以通过它来读取信息

先消费，后付款

早在20世纪初，还没有发明信用卡的时候，已经有美国商家为顾客发放类似信用卡的"店卡"。商家同意那些尊贵客户延期付款，用这种方式买汽油、支付酒店账单在当时非常盛行。

赊购牌

过去，商家会将个人信息打印在纸片上，比如赊购牌

金属钱币

商家开始联盟，卡在联盟的任意一家商铺都可使用。商家于1929年设计了赊购牌（Charga-Platc）。它是一张印有持卡人所在州名、城市名和姓名的金属标签，将它印在纸片上记账消费。

信用卡的过期日期也可以当作一项保密措施

信用卡

磁条还是芯片？

现代信用卡的正面仍然显示用户信息，但同时，用磁条和微处理机芯片储存持卡人个人信息。机器扫描磁条和芯片读取持卡人的账户信息。

磁条

磁条诞生于1960年，它存储个人信息一类的数据。数据是通过在塑料带上排列组织微小的磁性颗粒存储的。在读卡机上刷卡就可读取磁条信息。

智能卡芯片

这种芯片是一种微型处理器：它可以处理数字信息，就像一台微型电脑一样。读卡器通常需要个人标识号（密码）来获取信息。

酷炫科学

全息图是以3D（三维）呈现的图像。制作一张全息图需要激光、分束器、透镜、平面镜和特制胶卷。有了全息图，再制作假信用卡就非常困难了。

全息图是银行使用的多种安全防护系统中的一项

信用卡都是同一尺寸：长85.6毫米，宽53.98毫米

正面的商标显示信用卡的品牌

塑料年代

首张现代信用卡是大来俱乐部有限公司在20世纪50年代推出的。信用卡是由银行发行，并允许人们在几个月甚至几年的期限内支付账单。随着越来越多商务往来接受使用信用卡，各银行联合起来进行电子转账，由此，使用信用卡付款在全球范围内流行开来。

相关：激光　见第40页；微信息处理器　见第92页；货币　见第114页；收银机　见第118页

早期，商店经营者并不清楚自己有多少存货，销售额是多少，客户更想买什么商品，而且在抽屉中存放的现金很容易丢失。詹姆斯·利迪发明的收银机于1879年获得专利，改变了以往的情况。收银机变得越来越精密，使购物变得更便捷，偷盗行为也减少了，有了它，经营者们可以对有用的信息了如指掌。如今，收银机是制造商和零售商们让客户满意和提高销售额的重要工具之一。

迷你打印机能够为顾客的每次购物打印收据

键盘可以编辑并登记那些被顾客频繁购买的物品，不过现在很多机器都装有条形码扫描仪

敞开的现金抽屉

在收银机出现之前，销售所得的现金都放入现金抽屉。然而，总有些不诚实的收银员会盗取现金或不做赊账记录。总之，经营者不怎么清楚到底是赚了还是赔了，也不知道雇员是否诚实。

钱箱用钢制成以防偷盗

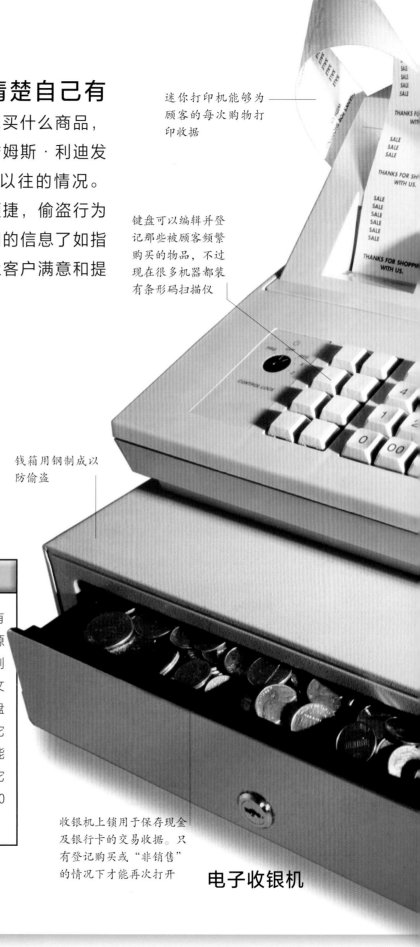

◀◀◀ 灵感的火花

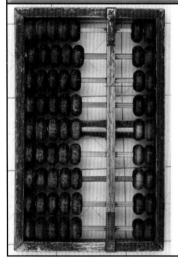

人们使用算盘至少有4 500年了。算盘的起源未知，但它的使用流传到埃及、希腊及其他古代文明中。左图中的这个算盘可能看着很普通，但是它不仅能计算加减法，还能计算乘法甚至平方根。它的使用可以追溯到2 200年以前。

收银机上锁用于保存现金及银行卡的交易收据。只有登记购买或"非销售"的情况下才能再次打开

电子收银机

收银机

电脑显示屏显示商品总价和其他信息。一些收银机带触摸屏，变得更加便利

在收银机刚问世时，它被称为"小偷捕手"

支付方式

零售商总是在寻找降低成本、让顾客购物更简便的方法。如今，我们在实体店购买任何物品时大都使用自动收银机，并且可以通过手机进行支付。

自己动手

一些超市使用自助收银机，顾客们可以对自己购买的物品进行扫描或称重，并在付款机上支付现金、刷卡或用手机支付。商店监管人员会在旁边确保每个人都通过系统的检验。

电子收银机（ECR）还是销售终端系统（POS）？

如今大多数商店要么使用电子收银机（ECR），要么使用带有销售终端软件的电脑。购买销售终端系统（POS）的价格虽然更昂贵，但是它提供的是多功能的系统，包括记录日营业额、盘点货物，还可分析顾客的购买习惯。

密码刷卡付账机

在餐馆和咖啡厅里，人们常常会看到一个小的无线密码刷卡付账机。将信用卡或借记卡插入这个装置中，随后持卡人输入个人标识号（密码）达成此次交易。这种付款方式快捷、安全。

相关：货币 见第114页；信用卡 见第116页；条形码 见第122页；手机 见第134页

詹姆斯·里蒂

詹姆斯·里蒂很发愁。
他是美国俄亥俄州代顿市一家高级酒店的老板，但是他从来都赚不着什么钱，因为他店里收银员不老实，一直偷抽屉里的现金。他怎么才能阻止呢？这个问题促使他发明了"利迪廉洁收银员"，即世界上首部收银机。遗憾的是，他没有因此致富，因为他将自己的创意卖给了别人，购买这个创意的人继续研发，不久便发财了。

有利的转动

1878年，酒楼的偷窃情况实在太严重了，里蒂积郁成疾，不得不放假休养。在前往欧洲的航行中，他看到一个测量仪器在记录蒸汽船螺旋桨转动次数。他想能不能将这种技术用于计算销售额呢？船舶一靠岸，他立即回到家乡开始研究。在经历了几次失败之后，利迪最终制作出这部到现在仍然著名的"廉洁收银员"——世界上首部收银机。

詹姆斯·里蒂

里蒂于1836年生于美国俄亥俄州代顿市，他的父母是法国移民。在参军前，他简要地学习了一些机械知识。之后，他开始经营酒楼直到1895年正式退休。

"廉洁收银员"

里蒂的第一台收银机有两排按键，每个按键都标示着金钱数额。按下按键后，总价就会显示在一个类似时钟的刻度盘上。

> **我将向世人证明我可以售卖诚实。**
>
> ——约翰·H.帕特森，国家收银机公司创建者

120

里蒂的工作室

里蒂在代顿市买下这个工作室用于制造新机器，但是他发现这对他来说过于困难，于是他决定继续经营酒楼，并卖掉了自己的专利。

新的方向

约翰·H.帕特森是俄亥俄州的一名杂货店老板，他跟里蒂一样在经济上遭受严重的亏损，每年损失约5万美元。他购买了几个"廉洁收银员"想做个尝试。结果成功了，并让他大赚了一笔。他满心欢喜地从里蒂手中买下收银机专利，并开始培训员工将收银机销往全国各地的商店。他将自己的公司命名为国家收银机公司（NCR），直到今天，这个公司仍旧在世界范围内销售收银机。

醒目的黄铜

帕特森的收银机几乎全部采用黄铜制造，它拥有上百个移动部件并能够执行精密的计算。到1906年，它们发展为电动的。左图中所示为早期的手摇收银机模型。

条形码外形小巧、简单且用途广泛。 它的使用让现代社会井然有序。小到工厂中的货物和商店中的商品，大到人类本身和医药供给，它们犹如身份标记，提供与物件相关的信息数据。每天经过扫描的条形码大约有50亿个，用以管理邮件以及记录人们的购物习惯等。

在沙滩上乱画

1948年，美国学生约瑟夫·伍德兰和伯纳德·西尔沃为一家本地食品连锁店研究一种能够识别产品的装置。一天，伍德兰正在沙滩上寻找问题的解决方案，他心不在焉地在沙子上画着线条，在思考是否可以使用摩斯码。真是踏破铁鞋无觅处，得来全不费工夫，忽然，他意识到他可以使用条码和空白的结合。于是在1949年，两人提交了他们的专利申请。

每一位数共包含7个单位（细条或空）

4 = 1011100 =

统一产品代码条呈现三种不同宽度，粗条比细条包含更多单位

条码的第一位采用101的排列方式（1为条，0为空）

这是统一产品代码：前6位数字称为L码，后6位数字被称为R码

036000　291452

这些防护条将条码分成两组6位数码，它们总是排列为01 010

条形码

破解密码

　　然而，能够读取条形码的激光技术，或者是能够处理数据的电脑很久以后才问世。虽然这两人用多年时间来改进这项技术，但是很可惜的是，西尔沃于1963年去世了。20世纪70年代早期，伍德兰就职于IBM（国际商业机器公司）并发明了统一产品代码（UPC），这种基本条形码沿用至今。1974年，超市里第一次使用条形码。

在超市里，第一件使用条形码付款的商品是一盒口香糖

将条形码贴在各种各样的物品上，既经济又便利

到处都能看到统一产品代码（UPC）

　　所有的产品都有一个号码，它转换成条形码清晰地印在产品上，由光电扫描仪读取信息。这就省去了操作员输入号码的过程，并降低输入错误的概率。这个号码印在条形码下面，当扫描仪出现故障时，人们可以手动输入条形码。

给医用试管加上条形码，以便于识别

▶▶ 前瞻未来

　　如今，无线射频识别技术在一部分功用上有望取代条形码。上图展示了这个系统将如何工作：一条带有无线标签的三文鱼，在"智能"超市手推车上进行扫描。

相关：收银机　见第118页

除了胶水、胶带、回形针和贴纸以外， 人们还可以用订书机把纸张固定在一起。这种方法能将纸张固定得更结实也更整洁。19世纪70年代到20世纪初是发明订书机的"黄金时代"，那时工业蓬勃发展，城市人口增长，公司中有堆积如山的文件。几个美国发明家竞相发明一种能够帮助办公室职员处理文件的实用的机器。今天，订书机拥有多种用途，从装订、制衣到手术，甚至涉及房屋建造。

柱塞被按压到订书钉上

使用后，内置弹簧将柱塞弹回原位

机身由铸铁制成，有11.4厘米高

杠杆臂也可以当提手

紧紧固定的铁砧将订书钉的尾端向内弯曲以固定纸张

麦吉尔氏单冲程订书机

最早期的订书机，每次只能装一个订书钉。1877年第一个获得订书机类模型专利的人是美国的克劳斯·波尔蒂尼。两年后，英国人C·H.古德尔为他的麦吉尔氏单冲程订书机申请了专利。顾名思义，这是一台能够将装订针嵌入并将物体钉牢的机器，它非常畅销。

一次只能将一个12毫米宽的订书钉装到柱塞下的狭长切口中；订书钉足够牢固，能够将许多张纸订在一起

钉库里装着一排订书钉

金属条与线轴

一次一个订书钉的订书机不仅慢而且不好用。不久之后，制造者生产出一次能够装几个订书钉的订书机。订书钉连成一个长的金属条，人们用力按压柱塞将订书钉从金属条上分离出来。还有一些人则利用机器轧断线轴里的金属丝，将其弯曲成U形，然后用它钉穿书页，全过程一气呵成。

现代订书机

铁砧上的凹槽将订书钉的双臂互相向内折

订书机

钉起来

长达百余年间，外科医生用订书钉将身体内部和皮表伤口合拢并固定。比起在伤口上缝针，钉合的速度要快得多。

蚂蚁救援

行军蚁可用在医疗紧急救助中，因为它们用颌部咬紧伤口时能使伤口创面合拢。随后将蚂蚁移除，只在那个地方留下它的头部与颌部。

快速手术

手术用订书钉是由钛、钢或塑料制成，用一个特殊工具将其快速打入人体内。之后，将它们移除还可以重复使用。

装订书籍

订书钉不仅用于办公室，还被用于工业领域。以小册子为例，人们通常用专业订书机装订它。首先，将书页整理好放在马鞍形支架上。然后，用订书机从卷成一卷的金属线上切下一段，把它插入册子脊部。这道工序被称为骑马钉或线缝。

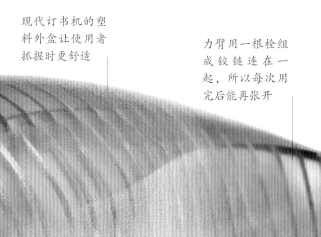

现代订书机的塑料外盒让使用者抓握时更舒适

力臂用一根栓组成铰链连在一起，所以每次用完后能再张开

1909年之前，订书机都被称为锁定器或赫赤基斯（Hotchkiss，以美国订书机制造商的名字命名）

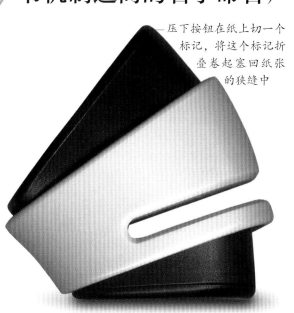

压下按钮在纸上切一个标记，将这个标记折叠卷起塞回纸张的狭缝中

无钉订书机

简单灵巧

现代订书机通常是小巧而轻便的，用起来非常简单。针库中装着一个粘在一起的订书钉条。压下力臂，一枚订书钉便会脱离钉条，铁砧将穿过纸张的订书钉两端折弯钉牢。还有一种没有订书钉的订书机，不用担心用光订书钉的问题，而且经过这种订书钉装订的文件容易撕碎也方便拆开，但是它只适用于装订较少的纸张。

相关：维可牢 见第130页

在发明邮票之前，寄信和邮递包裹是一个困难重重、花销昂贵且不可靠的过程。19世纪30年代，一个名叫罗兰·希尔的英国教师认为人们需要更好的邮政系统，因此开始对英国邮政系统进行改革。他发明了第一枚粘贴邮票，这意味着普通老百姓可以支付得起使用邮政服务的花费，这项发明促进了商业的蓬勃发展。很快，其他国家也开始使用邮票了。

改变的年代

19世纪40年代之前，邮寄信件的费用是由收信人支付的，寄信人反而不需要花钱。罗兰·希尔认为应该以信的重量计算邮资而不应以邮寄距离的长短来计算。采用购买邮票进行预付款的方式需要更公平、高效的邮政系统。

邮票上标有原产国

邮票上的白边称为边纸

邮戳显示收取信件的日期、时间和地点

◀◀ 灵感的火花

最初的英国黑便士邮票是整张大片出售的，使用时需要用剪刀一枚一枚地剪开。到了1848年，亨利·阿切尔发明了穿孔机，它可以沿着邮票的边缘打小孔，这样人们用手就可以将邮票撕开了。

四便士邮政

罗兰·希尔改进英国邮政系统的计划得到了工商界的支持。1839年，希尔负责运营新的邮政系统。邮寄一封信只需四便士的平价邮政系统很快就被采用了。

邮票

粘贴邮票

在1840年年初，消费者必须花一便士购买一张信纸，这其中包含了寄信的邮资。几个月过后，希尔的首批粘贴性邮票开始发售，它们被命名为黑便士。

英国黑便士上印有维多利亚女王的侧面头像和邮资价格

一些邮票上带有防伪保护措施，例如水印

邮票的边缘带有齿孔

使用过的邮票上附有邮戳，防止人们重复使用

昂贵的爱好

一些集邮爱好者愿意出高价收集华丽或不常见的邮票样本，就连错误印刷的邮票都有很高的收藏价值。非常珍贵的邮票，例如毛里求斯发行的橘黄色一便士和蓝色两便士邮票，或是瑞典黄色三先令，都能以数以百万英镑易手。

英国是世界上唯一一个不需要将其国家名称附加到邮票上的国家

保持联络

几千年来，人们尝试使用许多不同的方法将信息传递给另一方——从信鸽到电子邮件以及在线消息。尽管如此，邮政系统仍然备受欢迎——甚至在海底。

装在桶里的信息

1793年，捕鲸队长詹姆斯·科尔内特在一个名为弗洛雷纳的偏远加拉帕戈斯小岛上设置了一个邮筒，便于过路水手往里投入信件。这个古老的邮筒一直沿用至今。

水下信件

游览太平洋小岛瓦努阿图的游客们可以潜入海底并寄出他们的信件。那里的水下邮局每天都开放1小时并接收游客带来的防水明信片，然后将它们发往世界各地。

相关：电报机　见第34页

便签条的奇妙之处在于 它能够

一次次地被取下并可再贴，因此它们能够被贴在任何地方，用途数不胜数。这种胶黏物是一个叫3M的美国公司团队合作的结晶：一个科学家发明了低黏性胶水，另一位想到了便笺纸，于是他们将各自的构想综合起来，便创造了记事贴。在拥有那么多开创性的发明的今天，科学家们还是花了几年的时间让这个创想深入人心。

第一步

1968年，斯彭斯·斯尔瓦，一名高级化学家在3M公司的研发实验室里，发现了一种并不太黏的胶水，它允许纸张拥有可再贴性。但是他无法弄清该胶水的准确用途到底在哪里——难道将其用于留言板上？或是喷雾罐上？他委托3M公司对其进行研发，但是历经了数年，人们并没有给予这种胶水过多的重视；他们最想要的还是黏性更强的胶水。

阿特·弗赖伊为斯彭斯·斯尔瓦的胶水发明赋予了实际的用途

将胶水和纸张结合起来

另一个3M公司雇员阿特·弗赖伊，是一名教会唱诗班的成员，乐书中夹带的标注纸片常常滑落使他感到困扰。1974年，他得知斯彭斯·斯尔瓦的低黏性胶水，并意识到这就是自己想要寻找的——在便签纸的背后涂上胶水。阿尔特建造了一个机器用于制作他自己的便签条，并向3M公司展示。

最初的记事贴为了配合法务记事本而设计成淡黄色

胶黏剂只涂抹在记事贴背面的一条边边缘上

高光笔里含有荧光墨水

胶黏物

记事贴

3M公司最终延展了弗赖伊和斯尔瓦的构想。最初，这个产品被称为"压撕贴"，并在大众中产生了强烈的反响。到1980年，它的名称被改为记事贴，并向全美国公开发售。一年后，它的销售延伸到其他国家。如今，有许多其他公司也生产这种记事贴。

这种胶水并不是很黏，因此便签条能够被多次重复使用

利用这种并不是很黏的胶黏剂的新产品被不断研发出来

粘贴旗用于标注书页，但对书籍本身无损害

记事贴现有超过60种颜色并被制成各种形状

3M的"Flag+"多用笔结合了高光笔和黏贴条，使标记段落和寻找页码变得更简便

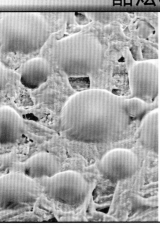

酷炫科学

这种胶水包含了数十亿个微小的丙烯酸黏球；正是这些黏球间的缝隙妨碍了它们更好地互相黏着。在便签条的背部有一种涂料能将胶水止于其中，因而不会渗透到其他表面。

黏黏的家伙

黏性小或粘得牢，干得快或干得慢，如今，形式各样的胶水及其应用范围从心内直视手术到尖端刑事侦查，已经遍及任何你能想象到的用途。

身体胶水

在科技发达的今天，外科医生可以使用胶水代替针线缝合，使伤口组织愈合。这种最新的高技术胶水通常为两管，能够直接涂在切口或伤口患处，并会在数秒后凝固。兽医们若要修补破裂的龟壳，可以使用一种缓慢凝固但韧性十足的胶水，例如环氧树脂胶。

刑侦学

超级胶水可以用于显示指纹，这种胶水含有诸如酸性物质和蛋白质类的化学物质。每当将其加热，超级胶水内的这些物质便会进行化学反应。它们将会变白，并能够被拍摄下来。

相关：订书机　见第124页

维可罗（尼龙搭扣），又称魔术贴，被广泛应用于很多事物，从鞋子到航天飞机，并替代了纽扣、拉链和揿扣等成为另一种可选择的连接材料。它的发明者是瑞士工程师乔治·德·梅斯特拉尔，他在1941年打猎归来时，发现牛蒡草的芒刺牢固地粘到爱犬身着的织物上，因此获得了发明的灵感。

在每个航天员的头盔中部有一片维可罗"钩子"——用于挠抓发痒的鼻子

在一端的表面，存在着数以千计的尼龙或涤纶线制成的线圈，用于抓住另一端的钩子

牛蒡是一种生长于欧洲的野生花卉，当其花期结束时，会生成一种全身长满小钩子并且干燥的芒刺

另一端的表面被微小的钩子所覆盖

源于自然的灵感

看着自己爱犬的衣服，乔治·德·梅斯特拉尔观察到芒刺周身微小的钩刺如钩与扣眼般地粘在织物或皮毛上。他想知道自己怎样做才能使这种天然的黏性得到更好的应用。

魔术贴

魔术贴的其中一端包裹着数不清的细尼龙线圈，在另一端，使用更厚实的尼龙材料，这些尼龙材料被缝合并用热红外线光切割成无数个钩子。每一片维可罗都可重复使用许多次，因为它们有着数不尽的钩子和线圈可以互相扣牢并合为一体。

多圈尼龙

德·梅斯特拉尔之所以利用尼龙来制造钩子和线圈，是因为这种材料不仅牢固而且柔韧。然而他花费了很多年的时间才弄清该如何编织这些材料。要知道，在一块邮票大小的区域内，要缝制超过300个钩子和线圈可不是易事。

底布通常由尼龙或涤纶制成

将维可罗撕开时发出的声音依然非常刺耳——发明家们正尝试创造出一种无声的版本

撕开并粘贴

最终，在1955年，德·梅斯特拉尔完成了他的产品：维可罗。它的名字源自两个法语单词的结合——"velour"和"crochet"，即钩和毛圈之意。维可罗现被应用于很多产品上，从衣服到皮箱和军事设备。它甚至被用于第一个人造心脏的拼合。

"复制自然"

科学家和发明家们通常在自然中寻找帮助并解决日常生活中所出现的问题——这是一种名为仿生学的方法。例如，科学家们正在对紫贻贝和壁虎进行广泛的研究，以寻求一些棘手问题的解决办法。

执着的黏性

紫贻贝能将其身体黏附在石头上以抵挡海浪带来的冲力。这些生物给无毒且能用于水下作业的新胶水的研发带来了启发。

吸附力强大的壁虎

壁虎是蜥蜴的一种，在它的脚底有着数以百万计的微小毛发。这些毛发能够产生可以充当黏着剂的微小电力，使壁虎能够颠倒着攀爬。科学家们希望能够使用类似的系统来创造可供人类使用的胶水。

相关：尼龙　见第44页；胶黏物　见第128页

我们的大多数日常

衣着、包或体育用品上都会使用拉链，因此也许人们会诧异，为什么这种齿扣类装置投入市场40年才流行起来。威特康·朱迪森，一位来自美国芝加哥的发明家，在1893年时就研制出了拉链的雏形，而一直到20世纪30年代后期，拉链才成功地进入时尚界，这个便利的小扣件才开始受到欢迎。

按扣与滑动件

最初，鞋子和服装全都使用繁琐的钩子与扣眼或揿扣作为扣合工具。朱迪森尝试着将这道工序变得简易：他设计了一排可以通过一个滑动件来控制其链接的钩与扣眼，被称为钩子锁扣（clasp locker）。这种装置是可行的，但是也非常容易被卡住。

每个齿牙上有一个钩，而另一个上有一个孔眼

滑动件有一个Y形滑动件，将两边齿牙以特定的角度和交替的模式拉合在一起

当齿牙穿过滑动件时，它们被整齐地锁到了一起

◀◀ 灵感的火花

有时候，几个人可以同时想出同一个伟大的构想。在19世纪40年代，美国人埃利亚·豪威（与伊萨克·辛尔和其他人一道）发明了缝纫机，并成了一个百万富翁。在1851年，他也为一种早期的拉链扣件申请了专利，但却忙得没有时间对这个构思进行更深的拓展。

拉头使滑动件操作起来更便利

拉链

漫不经心的开始

一位富有的投资家路易斯·沃克上校创建了通用纽扣公司，对朱迪森的发明给予财力上的支持。但是不管尝试了多少次，都没能真正地将拉链的构想付诸现实，1904年，朱迪森选择了放弃。

世界上最长的拉链造于1985年，长达18.3米

下一步

沃克聘请了一个瑞典工程师，吉迪恩·森贝克，他摒弃了钩与扣眼，并于1913年做出了"无钩式2号"。它与现在我们所用的拉链极为相似，将两排金属汤勺状的齿牙镶嵌在结实的锁带上，并使用一个Y形的滑件进行操作。

牢固的梭织支撑带承载着两排拉齿

一拉成名

当时尚行业最终于1937年接受并采用拉链设计时，它们便真的一夜成名了。仅1939年一年，拉链制造商就售出了3亿个单品，是前一年销量的两倍。到1950年，其年销量达到了10亿个。

拉链的底端安置了一个金属卡头（隐藏的），以防止滑动件滑落下来

终极拉链

如今，多功能拉链被广泛应用于许多需要防透水和防透气的特殊服装和装置中。

海上安全

潜水服上的重型拉链，是由镍银、青铜合金等材质制成的，专为保障高压下安全而设计。

风吹不动

风笛内置的空气袋在需要具有防水及防透气的性能的同时，还必须能够打开清洗并控制其湿度，这里当然也少不了高科技拉链的身影。

动作拉链

航天服上装有一种特殊拉链，专为密封动作而设计。美国国家航空航天局还与速比涛公司（Spccdo）联手开发了低阻力拉链并将其应用于奥运会游泳服上。

相关：订书机　见第124页；魔术贴　见第130页

手机

世界上超过二分之一的人口都在使用手机进行通话，而全球手机的总数超过了50亿部

手机曾经被当作奢侈的玩具，而如今则是人们生活中不可或缺的物品。经历了几十年的研发，手机始终处于当今科技的前沿。在保证人们通过电话或邮件联络的前提下，手机还可以充当忘记事本、电脑、视频摄影机、静态摄像机，甚至多媒体播放器，且它小巧便捷，正适合放入你的口袋。

移动智多星

移动电话构想的首次曝光还要追溯到1947年，然而一直到20世纪60年代和70年代间，研发可携带电话装置的竞赛才真正启动。美国摩托罗拉公司以及贝尔实验室都接到了发明这种突破性技术的邀请；最终，摩托罗拉公司在马丁·库柏的带领下，成功地于1973年完成了第一部移动电话的筹划。

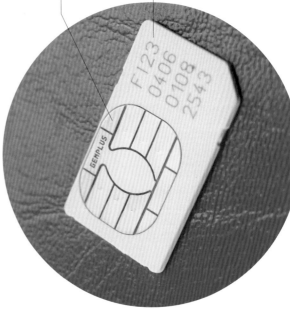

客户识别模块（SIM）卡的微芯片可以用来储存电话号码和联系人信息

SIM卡可以插到别的手机上使用，用户能够使用它将所有的数据转移——离开了SIM卡，手机便无法正常工作

这个图标显示手机是否能够接收到信号

多触摸显示屏为用户提供指按控制

该图标显示电池强度

掌中计算机

如今，我们使用移动电话并不仅仅为了通话：苹果手机的触摸屏不只担当了手机屏幕的角色，还能作为"桌面"用于翻阅应用程序，同时还是输入键盘。苹果手机具有数以千计的应用程序（补充应用程序），例如游戏、浏览报告、新闻频道和野外定位指南。

显示画面通过编程便可显示用户个人自选图标

这部手机可以连接到电子邮件软件账户

▶▶ 前瞻未来

未来，手机有可能被隐形装置取代。其中的一个可能性为在人们的牙齿中植入一个细小的微芯片。当这个隐秘的牙齿电话"响铃"时，震动将将沿着额骨上移并将声音传送到人们的内耳中。

苹果手机5

只要按下返回按钮，手机便会返回其显示主页面

Compass · Settings · Phone · Mail · Safari · Music

在行动

手机使人们从来没有像今天这样，将广泛的实用功能综合起来，使我们能够在行进的过程中完成昔日只能在办公室中才能完成的事情。

戴上耳机

蓝牙技术或无线射频技术使得手机能够远程连接到其他装置上，例如电脑、手机和耳机。

卫星导航

现在的手机几乎都安装有GPS（全球定位导航系统）和卫星导航的软件：这些软件能够提供世界上任何一个地点的信息。

便携办公室

手机为人们提供了日记、电话、邮件及其他"在家办公"的功能。这种装置往往被用来办公而不是娱乐。

相关： 万维网　见第38页；微信息处理器　见第92页；卫星导航系统　见第184页

移动起来

一切开始于无线电。20世纪20年代，无线电通信装置被广泛应用于汽车、火车和飞机领域，但是因为它们并没有被连接到电话网络中，所以它们并不算是真正的移动电话。历经了第二次世界大战期间的科技进步后，移动电话技术才有了真正的发展，手持话机的体积一直在缩小。部分原因来自航天领域和军事领域的需求：这种装在人们口袋里的电子设备，之所以要瘦身是因为它们需要被装入太空火箭及核导弹中。

车后座的通话

在20世纪20年代期间，警车和其他急救车辆的汽车无线电系统是双向的。这些系统允许两个用户同时而不是轮流对话。

赛跑

1947年，贝尔实验室的工程师道格拉斯·瑞恩格和W·雷伊·杨首次提出了蜂窝系统的理论，这在后来成为移动电话的核心技术。然而，多年过去了，瑞恩格和杨的构想始终没能变成现实。20世纪60年代期间，贝尔实验室面临来自其竞争对手摩托罗拉发起的激烈竞争，双方都想成为第一个使用蜂窝技术并发明手提移动电话的公司。瑞恩格和杨遭遇了来自摩托罗拉雇员马丁·库珀的打击。当时还是一名项目经理的库珀，在纽约设置了一个基础工作室并研发了第一个成功运作的移动电话原型，摩托罗拉DynaTAC。该项发明成功地通过了包括公众示范在内的各类测试。

爱立信MTA 21，1956年

爱立信的MTA电话体积巨大并重达40千克，它被认为是世界上首部汽车电话，它包括一个需放置于尾部车厢里的电池。

摩托罗拉 DynaTAC，1973-1984年

DynaTAC样机（右图左边）创造于1973年，是业内第一部移动电话。直至1984年，全球首部市面上可买到的商用移动电话DynarTAC 8000X（右图右边）开始在市场上推出。25厘米的高度和几千美元的价格，拥有它，人们需要一个足够大的口袋以及足够满的钱包。

> ## 乔尔，我正在用一部真正的便携式电话和你通话。一部手提便携式电话。

——摩托罗拉的雇员马丁·库珀，正在用移动电话与竞争对手贝尔实验室的乔尔·恩格尔进行世界上第一次手机通话

引领者

马丁·库珀的摩托罗拉DynaTAC为之后的无论是早期如公文包大小，还是后来推出的信用卡尺寸的移动电话及其技术铺平了道路。在21世纪的今天，移动电话的功能远远强大于发明时的初衷——拨打和接听，人们对它们的设计研发依然以飞快的速度持续着。

诺基亚
Mobira Talkman，1984年

这款Talkman重5千克，但是拥有较长的电池寿命。正如DynaTAC，尽管其价格不菲，这款手机在推出时依然大卖。

摩托罗拉StarTAC，1996年

这是全球首部翻盖式的移动电话。在当时来说，它小于10厘米的身长和100克的重量令人叹为观止。

黑莓（Blackberry）
智能手机，2002年

黑莓手机拥有细小的键盘和一个控制光标的轨迹球——它更像一个电脑而不是电话。它具有收发邮件、浏览互联网和接听电话的功能。

飞奔的世界

旅行的好处有很多，观赏新事物，结识新朋友，还有，旅行本身就很激动人心。因此，几千年来，人们一直在制造交通工具，帮助我们出行。

几乎每一种带有移动部件的机器都包含车轮，难以想象，世界若是离开了它们会变成什么样子。没人知道到底第一个车轮是何时被发明的，或者它是否被用于车的一部分，还是被用于制作陶器。但是我们了解的是，车轮最早应用于约公元前3500年的古代美索不达米亚文明。

这个车轮在技术上更胜于在欧洲其他地方出土的近代版本

古代车轮

人们已知最早的木制车轮已经有约5 200岁的高龄了。考古学家于2002年，在中欧的斯洛文尼亚的卢布尔雅那沼泽发现了主图中这个车轮。他们还在其附近发现了它的轮轴。

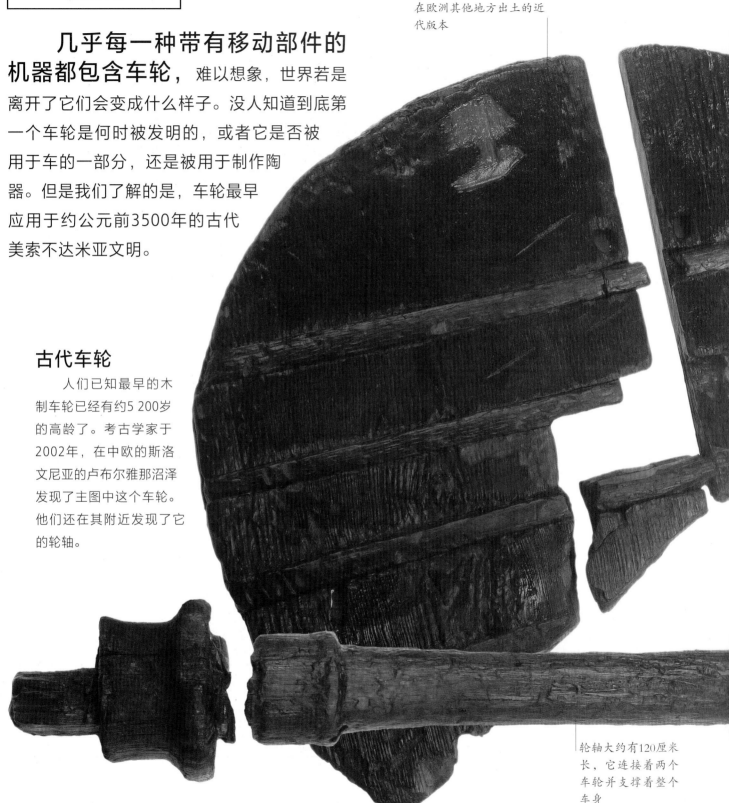

轮轴大约有120厘米长，它连接着两个车轮并支撑着整个车身

车轮

这个车轮由两块榉木制成的宽板组成，并用四块小型橡木将其结合

车轮世界

世界上有形态各异的轮子。最小的轮子甚至很难用肉眼观察到，而最大的轮子直径可以达到几十米。

齿轮

齿轮上的齿形是为了确保每个轮子能够传动到下一步而不滑脱。离开了这些齿轮，人们就不可能研发出现在的机械钟表。

保存完好

通常，木质物件无法保持得如同主图中这个车轮这般完好。泥泞的沼泽水将其与昆虫、真菌和细菌等生物体隔绝，否则，这些物体将有可能侵蚀车轮或使其腐烂。

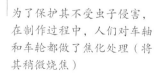

车轮宽约140厘米，厚约5厘米

巨轮

重力式摩天轮可以承载着人们转圈，上图中所示的摩天轮被称为伦敦眼。它高135米并需要大概30分钟才能转完一周。

颠簸前行

主图这个轮子大概属于一部两轮马车或手推车，但是在沼泽地里没有发现任何其他的线索。在没有任何轮胎或弹簧的情况下，旅程的颠簸可想而知。

为了保护其不受虫子侵害，在制作过程中，人们对车轴和车轮都做了焦化处理（将其稍微烧焦）

车轴是由橡木制成的

车轴插入位于车轮上的一个椭圆形的洞中

相关：摆钟　见第72页；自行车　见第160页；火星探测　见第182页

在亨利·福特年轻的时候，汽车是只有上流社会的富豪们才能拥有的奢侈品，但亨利并不这样认为。他意识到，当时昂贵的汽车价格是由于汽车的样式各异及其制造耗时过长所导致的。因此他建立了一个能够快速生产同类型汽车的工厂。这种类型的汽车就是福特T型车，又被称为"便宜小汽车"（Tin Lizzie），它不仅价廉，在设计方面也独具匠心。这种汽车不仅安全、坚固，能够应付崎岖的路况，且可使用3种燃料提供动力。

◀◀灵感的火花

世界上第一辆汽车，是由德国工程师卡尔·奔驰设计的3轮奔驰汽车（Motorwagen），该汽车于1886年首次上路行驶。这款汽车最有名的旅程要追溯到1888年，由发明者的夫人以最高16千米每小时的速度开着它行驶了将近200千米的路程。

这样的顶棚遭遇恶劣天气会倒塌

多年来，福特汽车公司设计了许多种车型——这是1914年的"观光客"（Tourcr）

为什么是黑色？

首批"便宜小汽车"生产于1908年。事实上，它们也曾尝试过使用其他颜色，但是因为黑色涂料干燥迅速，于是它很快成了唯一的选择。正如福特自己所说："顾客可以将这辆车漆成任何他所想要的颜色，只要它是黑色的。"

1914年，福特汽车公司所生产的汽车多于其他所有汽车制造商加起来的总和

车轮是木制的，附加上橡胶轮胎

福特T型车

适应能力很强的机器

福特T型车受到了各类人群的追捧，并被开发出各种用途。一些农场主甚至卸下它的后轮，并使用其发动机来发动诸如电锯和干草升降机等农场机械。

▶▶ **前瞻未来**

© Pininfarina S.p.A

当今汽车的一个重大问题是它们的油耗，以及随之而来的环境污染。未来，日常生活中的车辆将可能会以电力发动机为主，并通过车顶的太阳能板提供动力，这样司机们就不需要到处寻觅加油站并停下来加油了。

车速可以通过脚踏板或方向盘下的杠杆进行控制——其最快速度可达约70千米每小时

挡风屏位于车的中间部位，并且安装上了铰链以便于当汽车的顶棚就位时，将挡风屏的下半部分敞开通风

每辆汽车带有3个车灯

摇动开启

早期的T型车，需要通过摇转插入在汽车前部散热器下的一个把手，并在外部进行启动。

该车的车厢使用螺栓连接到汽车底盘下面；如今，汽车的车身为一个完整的壳体

轮轴为钢铁制成，并添加了一种叫钒的金属对其进行了特别的硬化处理

成功的开始

T型车的耗油量大约为10千米每升。这达到了20世纪建造的大多数汽车的水准，证明了福特设计的高效性。

相关：发动机　见第52页；"猫眼"见第162页；电动车　见第166页

福特工厂

福特T型车本身是一款性能优异的汽车，但在保证其坚固和可靠性的同时，它的卖点却在于低廉的价格。20世纪初期，汽车都是根据订购者提供的要求制造的，这使得汽车制造的时间加长，高昂的价格更让许多人望而却步。

缩短时长

亨利·福特创建了一种全新的汽车制造方式，称为流水线。其原理为将汽车的框架送达工人们的面前，每个工人负责往里添加一个新的零部件。就这样一步一步，在流水线的终端一辆完整的汽车就组装成功并且可以被开走。使用这种方法制造的所有汽车都是相同的。这样的生产方式使快速制造汽车变得可行，部分原因是工人在制造过程中无需花费多余的时间周旋于工厂之中，另一部分原因是工人在一遍遍执行同样工作时效率也相应地提高了。福特的这一新方法将制造一辆汽车的时长从12小时缩短到90分钟。

一体化

为了能够更好地提高汽车生产效率，福特决定将汽车制造的每一个阶段都放在同一个地方进行。至1927年，位于美国密歇根的胭脂河工厂，几乎生产所有汽车制造所需的零件——当然，还有汽车本身。

> **"** 我要为广大民众制造汽车——用最好的原料由最好的工人制造，并使用现代工程技术中最简单的设计。 **"**
>
> ——亨利·福特，1922年

通往未来的路

很快，福特的工厂便能够在两分钟之内生产两台以上的汽车，福特T型车的销售也远远超过其他类型的汽车。从那以后，流水线的生产方式被世界各地的生产制造商采用，不仅是汽车，如电脑、洗碗机、电视机和其他各种机器都开始使用这种方法进行生产。然而，如今在流水线上，很多时候都是由机器代替了工人进行生产。这些改变都来自于一个世纪前的亨利·福特，他的发明让汽车从人们梦寐以求的奢侈品，转变成多数人们能够负担的代步工具。从这个意义上来说，亨利·福特真实地改变了世界。

亨利·福特

福特出生于农场主之家，热爱所有的机器。除了发明T型车和很多其他实用车型外，他制造的比赛用车也成为当时世界上速度最快的赛车。

风帆被悬挂在一种被称为桅横杆的长杆上

在船体中央的主桅杆上悬挂着主帆和上桅帆

后桅是位于主桅杆之后的桅杆，用于悬挂等边大三角帆

艉或称船尾，是方向盘和船舵所在的区域，当然还有船员住舱

克拉克帆船外缘

深邃的船体可确保稳定性并能够装载大型货物

千百年来， 风帆是一直被人们用于借助风力在海上航行的工具。自从古埃及人率先将风帆装在自己的船舶上开始，百年的沧桑见证了帆船技术的改进。15世纪至16世纪期间，西欧人开创了结合船尾悬舵与方形和大三角（等边三角）船帆的克拉克大帆船的先河。这种大型帆船后来成为贸易和探险航行中的标准定型船只。

哥伦布的克拉克

1492年，传奇探险家克里斯托弗·哥伦布租借了西班牙帆船"圣玛利亚号"，完成了他的第一次横跨大西洋的探险。它是哥伦布使用的3艘帆船中最大的一艘，当时船上有40名船员。"圣玛利亚号"仅有的一个甲板是由松木和橡木建成的。

深邃的船体

克拉克帆船拥有一个宽大、深邃的船体，使其能够在公海上更稳定地航行，特别是在暴风雨常发水域。这种大木船能够承载足够的人员、食物和其他货物，进行长时间的贸易或探险航行。

帆船

多重桅杆

一艘克拉克帆船可以带有两个、三个或四个桅杆。它们被立式绳索（船缆）拉扯而保持直立，这样可以阻止桅杆过于剧烈地摇摆。在前桅杆和主桅杆上会悬挂方帆，而艉桅杆上通常会悬挂大三角帆。

酷炫科学

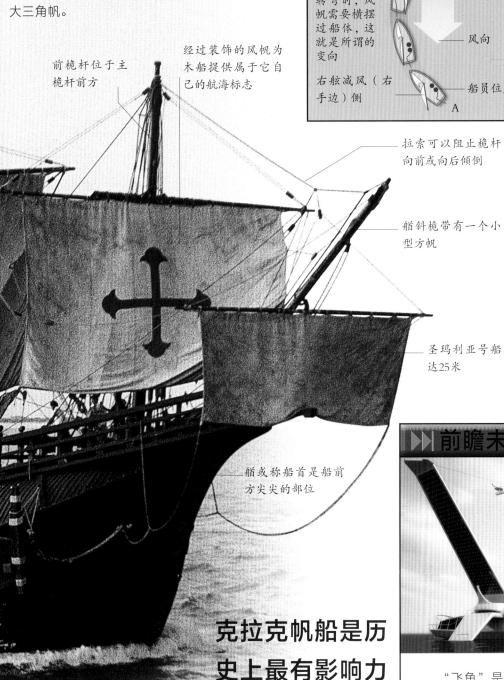

航行的方向

左舷减风（左手边）侧

船体以90°转弯时，风帆需要横摆过船体，这就是所谓的变向

右舷减风（右手边）侧

风向

船员位置

在海上，从A点到B点并非一个直线航行的过程。一艘帆船并不能直面风向航行，所以船员们会采用一种称为航迹的轨迹来航行。他们驾驶着帆船沿着蜿蜒的方向驶入逆风的位置（逆风向）。船员们需要将船和风帆调整到最好的位置以聚拢风力，使得船舶可以向前行进。

前桅杆位于主桅杆前方

经过装饰的风帆为木船提供属于它自己的航海标志

拉索可以阻止桅杆向前或向后倾倒

艏斜桅带有一个小型方帆

圣玛利亚号船身长达25米

艏或称船首是船前方尖尖的部位

超级风帆

等边大三角帆和方形拉索风帆的结合能使航行变得更顺利且快捷。大三角船首帆能够使帆船在逆风的情况下行驶顺畅。随着克拉克帆船设计的改善，上桅帆被增添到主桅杆和前桅杆上。

克拉克帆船是历史上最有影响力的船型设计

▶▶ 前瞻未来

"飞鱼"是一艘创新型航海船，它向人们展示了未来环保型轮船的可行性。"飞鱼"使用坚实的太阳能板覆盖其风帆，并使用风能和太阳能发动。

相关：太阳能板　见第86页；指南针　见第180页

1620年，荷兰发明家科尼利厄斯·德雷贝尔在伦敦制造了世界上第一艘潜艇。他将一艘木制划艇改装，用油脂皮革将船身覆盖以阻止船身进水。在那之后建造的大多数潜艇都是军用船只。潜艇还曾被用于海洋研究，甚至承载游客进行水下之旅。

现代潜艇生活

海军潜艇属于战斗船只，因此它们谈不上豪华。这些潜艇并不宽敞——船员们必须在充满设备的空间中生活。潜艇人员必须适应在这样狭窄的空间中工作和生活很长时间。

鱼雷舱

军用潜艇可以使用鱼雷攻击船只及其他潜艇。这些爆炸性武器采用螺旋桨为其提供冲向目标的动力。鱼雷是从潜艇的发射管射出的。

◀◀ 灵感的火花

美国人戴维特·布什内尔建造了第一艘军用潜艇。这艘以"海龟"命名的潜艇，曾被用于1776年间的美国独立战争，当时上尉艾兹拉·李尝试着使用它将一个炸弹安装在一艘英国战舰上。虽然这次行动以失败告终，但是它向人们展示了潜艇作为战争武器的可能性。

早期潜艇

第一艘潜艇是由人工发动的，即船员们用手启动螺旋桨。汽油或柴油发动机无法在水下给潜艇提供动力，因为它们会用尽舱内氧气并制造令人窒息的气体。现代潜艇直到设计师们偶然得到电池动力电力发动机的构思才得以研发出来。

位于该区域的核反应堆通过加热水分制造蒸汽并为潜艇提供动力

由核反应堆产生的蒸汽驱动着被称为涡轮的机器，并使船尾的螺旋桨转动

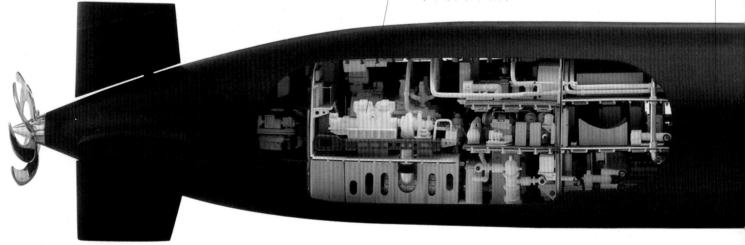

潜艇

厨房及食堂

厨师在潜艇的厨房里为船员们准备食物。船员们吃饭的地方被称为食堂。大多数潜艇中的食物能够在它的储藏室和冰箱中储存90天。

抢手的铺位

在多数潜艇里，铺位的数量总是少于船员的数量。当一部分船员在工作时，另一部分就休息，因此两拨船员可以轮流使用有限的铺位。铺位总是显得很抢手。

掌控

潜艇船员们在潜望塔之下的操控室里，面对一排电脑屏幕和仪表对潜艇进行航行指挥。多数与导航、潜水和战斗相关的控制都在这里完成。

原子动力

核潜艇的动力来自于原子分裂产生的能量。这类潜艇可以在水中潜伏长达几个月的时间。由于装载了能够制造淡水和新鲜空气的设备，这些潜艇只有在进行食物库存补给的时候才会漂浮到水面。

现代潜艇的制造需要多达700万个零件和2 000幅工程制图

视听结合

军用潜艇没有窗口，因此它们使用声音来阻止撞击物体并探测周遭船只。它们发送脉冲声波并聆听其弹射回来的回音，这就是众所周知的声呐技术（音响导航与测距）。

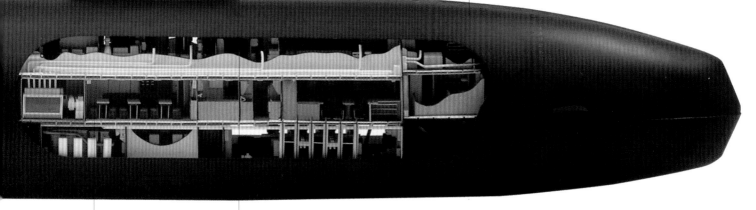

潜望镜让船员得以观察水面上的情况

潜艇的鳍部包含潜望镜和无线电杆

子弹形状的外船舱设计让潜艇在水流中畅通无阻

潜艇的厨房

操控舱，潜艇的指挥中心

相关：放射性　见第22页；电动机　见第62页

尾部有助于飞机的稳定性及其可操控性，其垂直的部分被称为尾翼

副翼是铰链翼剖面，靠向上和向下移动来帮助飞机转弯

进步

直到20世纪30年代，在英国的弗兰克·惠特尔和德国的汉斯·冯·欧海因的研究下，喷气式发动机才得以改善。1939年，第一架完全用喷气式发动机成功飞行的"He178"冲上云霄。它是由德国亨克尔公司设计建造的。He178拥有金属机身和木质机翼。

协和式客机，1976—2003年

第一架飞机使用螺旋桨成功升空，但它的飞行速度非常缓慢。直到喷气式发动机问世，才改变了这一切，它甚至让一些飞机的飞行速度超越了声速。今天，喷气式飞机承载着越来越多的乘客，并能够飞越更远的距离，有了它，人们可以轻松环游世界。这类飞机还可以运送超大型货物。

"康达-1910"

第一架喷气式飞机

"康达-1910"是由岁马尼亚工程师亨利·康达于1910年设计建造的。在很多方面，这款飞机看起来和当时其他的飞机几乎没有任何区别，飞行员依然需要坐在置于发动机后面的露天驾驶舱里，暴露在自然环境下。然而，其流线型的机身设计，类似于早期喷气式发动机的创新型喷气式发动机，加上没有了螺旋桨，使它成为航空史上喷气式飞机的鼻祖，引领了时代的潮流。

喷气式飞机

超声速飞行

人们花费了多年的时间才研发出具备超声速飞行所需的动力、强度和可控性的喷气式飞机。协和式飞机作为超声速喷气式客机填补了同类空白。由英国和法国的工程师们联合建造的协和式喷气机，成为航空史上的一个里程碑。

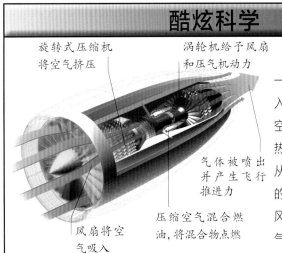
飞机的主要部分被称为机体

协和式飞机最高速为2.2马赫，相当于2 300千米每小时的速度

喷气式发动机被安装在机翼之下，可提供将飞机推动前进的动力

起落架上的滑轮在飞行时缩入并在降落时放下

协和式机翼采用空气动力学设计，呈三角形，可使机翼在空气中更容易飞行，这是因为它很轻薄而且有一定角度

涡轮发动机

如今的商用客机使用一种叫涡轮发动机的喷气式发动机。它的工作原理是使低速气流摆脱发动机产生的高速气流。这意味着高速气流无法与发动机周围的低速气流相遇，这就降低了飞机的颠簸，该发动机成为一种安静高效的发动机类型。

机翼如何工作

空气在机翼底端的前进速度比在其顶部的缓慢。缓慢移动的空气施加更大的压力并产生使飞机升空的空气浮力。机翼的角度也会对空气浮力产生影响。飞机的襟翼能在飞机起飞和降落时产生更大的浮力。

每年大约有200万名乘客搭乘喷气式飞机出行

相关：发动机 见第52页；直升机 见第154页

轰声

正如所有的超声速喷气式飞机，协和式客机在飞行速度超过声速时会产生一种叫作激波轰声的巨响。这意味着此类飞机被禁止以超声速度在近地面飞行。

超声速飞机从欧洲大陆飞到美国纽约不超过3个半小时的时间—— 是其他飞机飞行时间的一半

几乎全铝合金的构造减轻了机身重量，并有助于提升飞行速度

协和式客机只能承载128名乘客

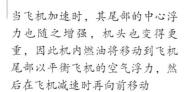

当飞机加速时，其尾部的中心浮力也随之增强，机头也变得更重，因此机内燃油将移动到飞机尾部以平衡飞机的空气浮力，然后在飞机减速时再向前移动

其降落时的速度通常在298千米每小时左右

超级飞机

最大的喷气式飞机的建造是为了能承载乘客和超大集装箱货物在世界各地飞行。速度最快的飞机种类为不同用途所设计，用于战斗、监视和研究。

"X-43A"超燃冲压发动机

"X-43A"无人驾驶飞机是世界上飞行速度最快的飞机之一。它以高超声速的速度飞行，这意味着它们的飞行速度至少是声速的5倍。

隐形战斗机

一些军事喷气式飞机的设计使其难以被侦测到。这种洛克希德F-117夜鹰隐形战斗机的形状及其制造原材料，使得它几乎无法被雷达侦测到。

下垂的机头

协和式客机的"长鼻子"是专为高速飞行设计的，但是它的形状使飞行员在起飞和降落时很难看清跑道。解决的方法只有在飞机接近地面的时候使其下垂。

虽然协和式飞机发明于20世纪70年代，但其驾驶舱内的模拟式仪表与今天的标准有过之而无不及

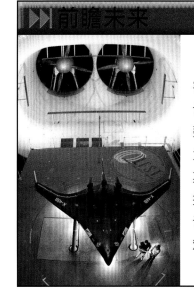

波音"X-48B"幻影客机是基于翼身融合设计的验证机。这意味着整架飞机被设计并充当为一个巨大的翅膀，为其机体提供整体的向上推力。然而，该类型验证机的形状使驾驶员很难对其进行控制。

协和式飞机长62.19米，可以飞行6 020千米的距离

灾难

协和式客机在1976年时正式开始定期航班的飞行，并且保持无重大事故的记录，直至2000年的一次坠机葬送了全部乘客和机组人员的生命。3年后，所有的协和式客机均被停飞，超声速出行的时代暂时结束了。

当风力摩擦使飞机变得过热时，机头尖端的探测器会通知飞行员——机头的温度已经达到120℃

空中客车"A380"

空中客车"A380"是世界上最大的客机，可一次性承载853名乘客，被称为"巨无霸"，空中客车拥有两个纵向堆叠的驾驶舱。

安托诺犬"An-225"

世界上最大的飞机"An-225"是为超负荷载重所设计的，其承载范围从苏联制造的航天飞机"暴风雪号"到帮助海地2010年地震恢复的救援物资。

相关：发动机 见第52页；直升机 见第154页

一些植物，例如枫树，会利用自然"直升机"将种子散播到各处

早期发展

19世纪末，内燃机的发明意味着人们能够为直升机升空提供足够的能源。1907年，法国自行车制造商及工程师保罗·科尔尼成功使得一架双旋翼直升机样机升空，虽然仅仅持续了数秒。

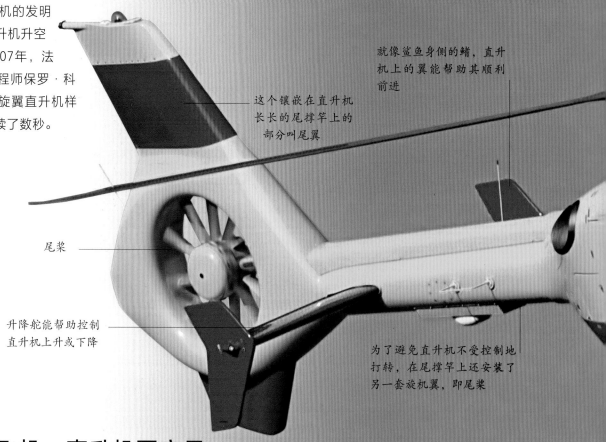

就像鲨鱼身侧的鳍，直升机上的翼能帮助其顺利前进

这个镶嵌在直升机长长的尾撑竿上的部分叫尾翼

尾桨

升降舵能帮助控制直升机上升或下降

为了避免直升机不受控制地打转，在尾撑竿上还安装了另一套旋机翼，即尾桨

相对于飞机，直升机更容易操控。 它具备盘旋的功能且不需要使用跑道。多年来，许多人都曾参与到直升机的创造中来，但是真正令其运行正常并进入大规模生产的是一位出生于俄罗斯名为伊戈尔·西科斯基的工程师。超过100架的西科斯基"R-4"直升机被批量制造——远远多于这之前的其他类型直升机。"R-4"型也是第一种被美国和英国的武装部队同时使用的直升机。

◀◀ 灵感的火花

飞行这一概念让意大利艺术家、发明家达·芬奇感到着迷。500多年以前，达·芬奇设计了一种类似于直升机的飞行器。虽然他的构想并不实际，但他的设计已经远远走在那个时代的前列。这个现代模型就是按照达·芬奇的图稿制成的。

直升机

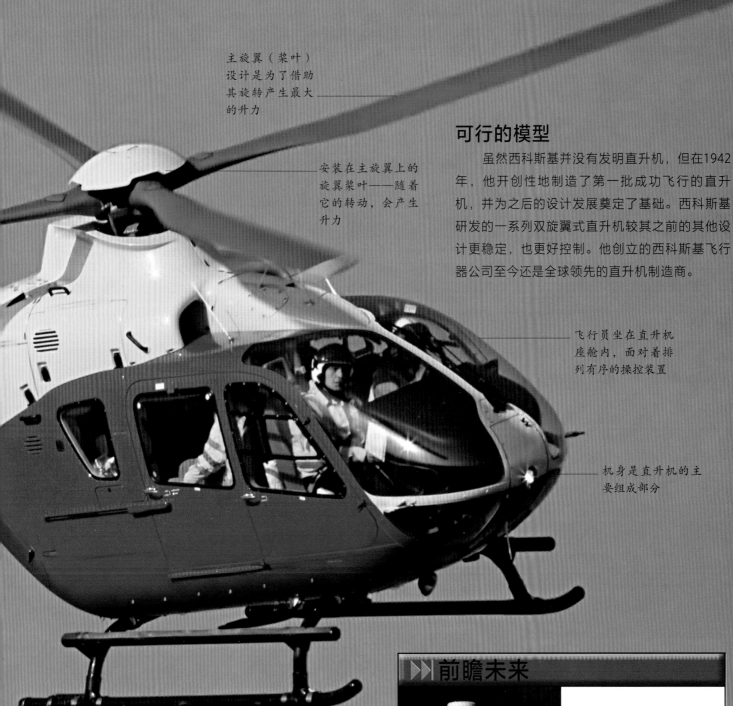

主旋翼（桨叶）设计是为了借助其旋转产生最大的升力

安装在主旋翼上的旋翼桨叶——随着它的转动，会产生升力

可行的模型

虽然西科斯基并没有发明直升机，但在1942年，他开创性地制造了第一批成功飞行的直升机，并为之后的设计发展奠定了基础。西科斯基研发的一系列双旋翼式直升机较其之前的其他设计更稳定，也更好控制。他创立的西科斯基飞行器公司至今还是全球领先的直升机制造商。

飞行员坐在直升机座舱内，面对着排列有序的操控装置

机身是直升机的主要组成部分

直升机采用的是起落橇而不是滑轮

搜寻与救护

今天的直升机在道路不通或者交通堵塞严重的地区被用于救护任务。它们还被用于海上救援，以及帮助警察追捕罪犯。直升机驾驶是一门极其复杂且难以掌握的技能，因为这种飞行器不仅能够转向任何方向，它们还具备自由盘旋和升降的功能。

▶▶ 前瞻未来

直升机需要消耗大量的燃料，同时会制造大量的噪声。不过，科学家们一直在研制一种可以根据电信号改变桨叶外形的新型直升机。这意味着它们能够更安静地飞行，且消耗更少的燃料。

相关：发动机　见第52页；风力发电机　见第60页；电动机　见第62页

蒸汽机是促进工业革命发展进程的重要力量。 最初它被用来从矿井中抽水，当时的蒸汽能源的研发主要针对锅炉与工厂。交通运输行业也随着19世纪中期蒸汽机车的诞生而产生了巨大的变革。有了蒸汽机车，人们便可以外出旅行，这永远地改变了人类的经济、贸易和出行方式。

火箭科技

　　史蒂芬逊父子的工厂首次问世的机车名为"火箭"，该型号机车也是后来机车设计的原型。其中一项重要的研发是被称为多管锅炉的装置；神奇的25根铜管并用取代了当时常见的单一或双铜管锅炉，让"火箭"机车拥有其竞争对手望尘莫及的行驶速度。

开足马力向前冲

　　在1823年，"铁路之父"英国工程师乔治·史蒂芬逊开始了他的机车研发工作。期间他预见到蒸汽机车对未来铁路发展可能产生的影响，于是他与儿子罗伯特·史蒂芬逊联手，开始为英国及海外地区建造机车。

长长的烟囱用于排烟雾和气体

烟囱一侧的精密计量器用于测量锅炉压力

炉身必须足够坚固以承受其内部累积的巨大压力

蒸汽上升并聚集在锅炉的顶部

最初的轮子是木制的

活塞连接着能使轮子转动起来的车底挂钩

名为"火箭"的火车头

◀◀ 灵感的火花

　　1803年，理查德·特里维西克制造了首辆铁路蒸汽机车，以及许多种类的发动机（左图）。然而，这样一个技术天才，却因缺乏经营技巧，最后以破产告终。特里维西克旅行到南非并于1827年返回英国，却发现包括史蒂芬逊父子在内的其他发明家，受益于他的想法并在商业上获得了成功。

蒸汽机车

跑道冠军

为了展示当时机车的发展进程，在利物浦周边曾举行过一场名为"雨山镇机车大赛"的赛事。1829年，"火箭号"参加了该项赛事，负载量相当于其自身重量的3倍，实现了时速20千米的好成绩，而其载客时速更达到了30千米。这使得该机车成为首辆运行速度比马还快的交通工具。在夺得冠军后，"火箭号"成了世界上最有名的蒸汽机车。

世界最快的蒸汽机车名为"绿头鸭"，它创下了203千米每小时的世界纪录

功成身退

"火箭号"投入使用的时间长达67年。该设计被誉为传世经典，以至于英国人在20世纪60年代间建造的最后一批蒸汽机车都沿用"火箭号"原型。随着柴油机车和电机车的问世，年代久远的蒸汽机车最终功成身退，成为历史。

蒸汽出行

其他交通工具也曾经采用蒸汽动力，包括汽车、摩托车、轮船和明轮船。

明轮船

这类轮船采用蒸汽动力来驱动螺旋桨或桨轮。在20世纪时，蒸汽船盛行于美国各大湖泊和河流景区。

牵引发动机

蒸汽动力拖拉机曾用于在田间运输沉重的货物，与此同时，体积略小的交通工具则用于在公共道路上运输较为轻便的负载。

燃烧室将水转变为蒸汽

双管锅炉大大加强了蒸汽的制造能力

煤炭被铲入锅炉的燃烧室部分

气缸将蒸汽动力转换成位移

车轮在金属轨道上行走，以降低摩擦并加速

驾驶员与司炉工站在一个踏板上

安装在发动机上的煤水车——它承载着煤炭和一桶清水

相关: 发动机　见第52页; 地铁　见第168页

全速前进

伴随着蒸汽机车的到来，世界进入了贸易与旅行的开放时期。沿着史蒂芬逊父子开发的首辆机车的行驶轨道，铁路铺满了19世纪的整个欧洲和美洲。许多国家采用了与英国类似的机车和铁道网络设计。货物前所未有地被运输到数千千米以外的地方。许多以往荒无人烟的地域变成了人口聚集的城镇。随着铁路的蓬勃发展，有些地域的景观与人们的生活方式都永远地被改变了。

欧洲铁路发展进程

随着时间的推移，欧洲各国开始改造原有的英式设计并建造属于他们自己风格的机车和铁轨。兴建起来的机车工厂遍布欧洲各国。最初，铁轨仅仅在国内100千米以下的短距离铺设，后来，铁路逐渐发展成为贯通于各主要城镇的交通枢纽网络。因此，铁路成了最快运送货物和劳动力的交通工具，它也推进了工业革命的进程。

德国制造

截至1849年，德国的铁路已经拓展成超过5 000千米长的网络。本地工厂开始组装新型机车，例如生产于斯图加特附近的"哥白尼号"（上图）。

法国方式

1842年间，法国政府通过了一项允许私营公司建造连接巴黎和其他城市铁路的法律。铁路主干道系统应运而生，运行带有编号的机车，例如"418号"（右图）。

美国梦

铁路对北美大陆产生了更为深远的影响。至19世纪30年代，美国已经开始向欧洲出口蒸汽机车，与此同时，当欧洲的铁路还仅仅停留在穿梭于大城市间的客运服务时，美国人已经把铁路铺设到荒芜地区创建新兴城市了。在北美，人们分散到全国各地去建立新的社区，呈现出一片繁荣和发展的景象。到20世纪初，几乎所有北美居民都搬到了距离铁道仅40千米的沿线区域居住。

一路向北

铁道线快速地遍布了北美地区，由大西部铁道线的埃塞克斯（下图）引领着发展的步伐。到了1869年，坐火车穿越整个北美洲已经不再是梦想。

俄国铁路

俄国的第一条蒸汽铁道线于1837年建成并将圣彼得堡和普希金城（皇村）连接了起来。国家在购买机车上花费了大量金钱，将其应用于从矿山把矿石运送到加工厂，并同时输送乘客。

东方之旅

蒸汽机车取代了马车等传统运输模式，成为日本主要的运输工具。日本的第一条蒸汽运行铁道线开放于1872年。如同上面这幅创作于19世纪的木刻画所描绘的：乘火车旅行逐渐成为人们日常生活中的一部分。

皮埃尔·米肖

现在全世界已有超过8亿辆自行车，骑车成了最受欢迎的一种出行方式。从初期的不受关注发展到现在这种规模，自行车已经发展成为一种高效、经济和环保的出行工具。在城镇里骑车出行的人们不仅能够避免交通拥堵，还能锻炼身体。如今，自行车的种类令人眼花缭乱，有赛车、山地车，还有折叠自行车。

灵感的火花

1818年初出现的由男爵卡尔德赖斯·冯·绍尔布隆发明的木制"运行的机器"，被认为是世界上第一辆自行车。没有脚踏板，骑车人靠双脚交替踏地前进。

坎坷的路程

首辆商业上获得成功的脚踏型自行车由法国人皮埃尔·米肖在1863年制造。这种双轮脚踏车绰号震骨车，在问世之初就在英美两国一炮而红。好奇的人们只需要付1便士（当地货币）便可以在特殊的溜冰场里试骑这种脚踏车1分钟。

连锁反应

19世纪80年代橡皮轮胎的发明和链条的应用大大推动了自行车的设计。至此，前后两个车轮已经是近乎一样的尺寸了，链条的驱动系统使得后轮转动的速度快于骑车人踩动脚踏板的速度。刹车和可调把手等安全特性在之后被添置。

早期的双轮脚踏车

利用螺栓将铸铁配件精巧地拼接起来，构成了整体车架

每次将脚踏板踩踏一圈便带动车轮转动一圈

前轮比后轮大很多

骑车人利用刹车闸杆使前轮减速

单人自行车，1890年

脚踏板被固定在一个能拖动链条并带齿的轮子上——一个较小的第二齿轮使后轮以更快的速度转动

结实的橡胶轮胎、车轮辐条和坐垫让骑车的过程更平稳

自行车

2016年，由加拿大车手萨姆·威灵顿在2009年创造的自行车在平地上最快的行驶速度再次被打破，达到了144.18千米每小时的新高

换挡提高效率

如今的山地车拥有最多30个变速挡。换挡调速使得踩踏的效率更高。骑车登山时，如果选手选择了适当的档位，他就能提高效率。

骑手利用变速杆可以调换快挡或慢挡

山地行驶

美国加利福尼亚州的自行车爱好者于20世纪70年代开始进行山地骑车这项运动。山地车能穿越陡峭的斜坡和岩石地形。如今，山地车的比赛项目形式有很多，包括越野赛、高速赛、一日赛和绕杆赛。

三角形的框架能承受极大的压力

车把上的杠杆拉扯其金属线使变速与刹车正常运行

强有力的橡胶轮胎充满了气体，以帮助缓冲骑行颠簸

前叉轴拥有弹簧减震装置，可以帮助缓解崎岖的路面所带来的冲击

变速器通过移动自行车链条穿过一系列齿轮，将一个速挡转换成下一个速挡

各种尺寸的齿轮结合起来便能够产生各种速比

轮胎上宽大而深的台面花纹能牢牢地附着于不平坦的地面上

山地车

相关：车轮　见第140页

◀ 1934年 ▶

珀西·肖

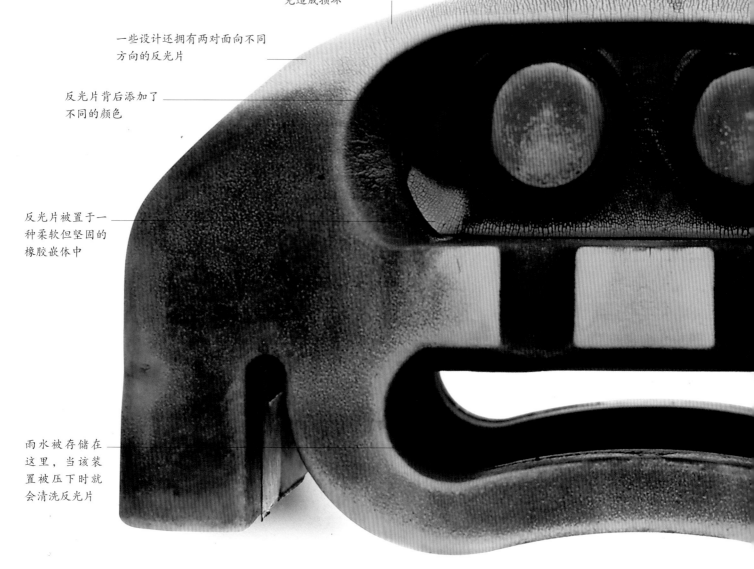

当车辆经过该设备时，它会下降到地面以下避免造成损坏

在每个反光片的背部都有一层闪亮涂料

一些设计还拥有两对面向不同方向的反光片

反光片背后添加了不同的颜色

反光片被置于一种柔软但坚固的橡胶嵌体中

雨水被存储在这里，当该装置被压下时就会清洗反光片

第二次世界大战期间，在英国开夜车是一件很危险的事情：街灯被熄灭，路标被取下，窗户也不透光，所有的一切都为了让敌方轰炸机难以发现目标。多亏了珀西·肖，他发明的道路照明"猫眼"具有简单、结实、便宜并且非常可靠的特性，帮了司机的大忙。很快，在英国，它们闪亮的光点成功地引导着司机平安回家。

免费的亮光

不像路边的街灯，"猫眼"不用耗电工作，它们只需反射车头灯的光线。这意味着使用它们不需要任何其他成本。

现有超过一亿个"猫眼"被安装在全球的公路上

"猫眼"

车前灯光线从此处直
接反射到司机处

前进的道路

人们计划应用闪光"猫眼"作为警示系统，并可以在前方道路发生事故时启动。另外，人们还计划设置在起雾、细雨或地面结冰时自动启动"猫眼"。

底座掩埋在路面之下

世界各地

虽然"猫眼"被使用在各国的道路上，但它们并不是唯一一种投入使用的螺柱预警系统。

"虫点"

另一种不同类型的预警系统被称为"虫点"：当车辆驶过它们时，司机会感到一阵"辘辘"声并随之意识到该车辆行驶在错误的道路上。

太阳能道钉

不像"猫眼"，这种路标在夜里会发光。该类装置利用其镶嵌于钉身顶部的太阳能板从太阳射线中获取能量维持运行。

"椭圆眼"

该道钉属于另一种逆光片。"椭圆眼"生产于印度，被应用于北美和澳大利亚的部分地区。

相关：太阳能板　见第86页；福特T型车　见第142页

珀西·肖

　　没人能够说清楚珀西·肖那些拯救生命的构想从何而来。 一些故事推测，他曾因开车经过漆黑的山路时，车灯被路边猫的眼睛反射而得救；另一种说法是他只是注意到了路旁使用了反光涂料的路标。

聪明的主意

　　不管珀西·肖的奇思妙想从哪里来，他知道这将是一个非常好的主意。他于1934—1935年间，将这个构想注册了专利，在年仅24岁的时候，建立起了自己的公司，专门制造和销售"猫眼"。起初，他的销售并不顺利，但是到了1937年，英国交通运输部将一些"猫眼"和其他发明家的同类发明一并铺设在一条8千米的道路上，并对它们进行了测试。两年后，其他竞争者的发明许多都已失效，但由珀西·肖发明的大多数"猫眼"仍然运转正常。

黑夜里的灯光

　　在珀西·肖年轻的时候，英国有通往各个城镇的全面电车轨道。在夜晚他只能像其他开夜车的人们一样，依靠路边轨道发出的亮点来沿路行驶。

> **历史上最棒的发明是关于道路安全的……**
>
> ——摘自一条英国下议院陈述

成长型企业

珀西·肖的公司——反射道钉有限公司（Reflecting Road Studs Ltd），创立时虽基础薄弱，但在之后得到发展，后雇用130名员工，每年制造"猫眼"100万个。

富有的人

在1947年，由于第二次世界大战期间人们对"猫眼"的关注逐渐加深，英国政府发布了一个在全国范围内大规模安装"猫眼"的方案。珀西·肖变得有名并且非常富有，他给自己买了四台电视机和几辆劳斯莱斯汽车，但他依然住在那栋从两岁起就住着的房子里，从未搬离。

"CATSEYE" REGD

"CATSEYE"
SELF-WIPING

REFLECTING ROAD STUDS

明智的举动

1934年，珀西·肖用申请专利的方式保障了他的发明（左图）。这之后他添加了一个使"猫眼"能够自行清洁的装置，并申请了另一个专利。

"猫眼"风潮

使用图例中的宣传册开展的广告活动，使"猫眼"在第二次世界大战期间变得非常流行，当时珀西·肖每周接到的订单达到4万个。大宗订单一时间造成了橡胶短缺，导致其生产无法满足市场的需求。

这个区域控制着电动机

视频屏幕显示再生电力和节省的油桶数

电机比马达轻

虽说汽车给人们带来出行自由，但是它会对周围环境造成污染。大多数汽车依靠汽油和柴油行驶，这两种能源不仅有限还会产生污染气体。解决以上问题的方法则是设计出一种使用非传统能源的汽车。第一部电动车发明的时间要追溯到19世纪30年代。但很快这些电动车被当时流行的汽油和柴油交通工具所取代，因为在那个年代，人们并不知道汽油、柴油会带来环境污染。21世纪，电动车正经历着一场复兴，其最新设计复制了当代跑车的外形和性能。

"黑暗之星"

美国汽车制造商特斯拉汽车公司生产的突破性跑车"Roadster"样车（右图），别称"黑暗之星"。"Roadster"是一款最高速度可以达到215千米每小时的全电动跑车。它能在4秒内完成时速从0千米到95千米的加速。

灵感的火花

这部高性能的电动交通工具"La Jamais Contente"（永不满足）于1899年在法国以时速105千米的纪录被载入史册。比利时赛车手卡米勒·热纳茨创造了当时新的电动车速纪录。

选材保证其坚固性和耐久性的同时，还具轻便的特性，以减低其能源消耗

电动车

佼佼者

"Roadster"没有发动机，取而代之的是一个能源储备系统，由一系列的可充电锂电池组成。就像一部手提电话，电池以插入总电源的方式充电。这款车在它的一侧有一个充电端口和一根可连入标准墙上插座的可拆卸长电线。只需要几个小时的时间，就可以将原本一辆完全无电的车充满电。

虽然它们以速度缓慢著称，但一些电动车从0到160千米每小时所使用的加速时间不到10秒

简易自动变速器由三个换挡组成——两个前进挡和一个倒退挡

两门活动顶篷式"Roadster"还拥有可选的空调系统

能源储备系统的电池位于"Roadster"的内部后方

流畅并具空气动力学设计的外形，使车辆更节能

轻量级转向系统

清洁又环保？

有别于使用汽油和柴油的汽车，电动车在行驶中不会产生任何道路污染，但是这并不意味着它们对环境不造成污染。电动车所需的能源需要一个源头，这个源头通常利用燃烧化石燃料，例如依靠煤炭或天然气发电的电厂。我们期待着发电技术的进步能够使电动车变得更清洁和环保。

相关：发动机　见第52页；电池　见第90页；福特T型车　见第142页

车门位于车厢的两端

控制杆和设备镶嵌在
驾驶室的两侧

马瑟与普拉特（Mather and Platt）
的标志显示在车厢上

三节客车在驾驶车
厢的拖拽下，速度
高达40千米每小时

地铁

19世纪，伦敦面临着严峻的交通问题

19世纪，而地铁系统是缓解该问题所提出的最具创新精神的解决方案。当时，城内的车辆数量在不断地增加，人们迫切需要一种代替汽车的出行方式来缓解日益严重的交通拥堵问题。19世纪30年代，修建一条贯通主线车站的地下铁道并将整个伦敦市区连接起来的设想被首次提出，然而，这种想法却被当时的人们视为荒唐的想法而遭到否决。尽管如此，在对地下铁道锲而不舍的英格兰律师查尔斯·皮尔逊的不懈努力下，至19世纪50年代，地下铁路的概念终于得到了认可，并获得投资。随着1863年首段地铁对外开放，世界上第一条地下铁路系统正式投入使用。

今日，伦敦地铁拥有270个车站和大约400千米的轨道，是世界上最古老的地下铁路系统之一

电力优势

起初，伦敦的地下铁道上奔跑着的是蒸汽动力火车。然而，这种火车运行时产生的浓烟给空气带来了污染。当伦敦城区和伦敦南区地铁线路于1890年对外开放时，蒸汽火车的地位被电车取代。电车拥有更为清洁、安静、快捷、平稳的驾驶的优势。

168

每节车厢都被编上序号，便于识别

伦敦城区和伦敦南区铁路的

电力机车，1890年

压缩车厢

伦敦城区和伦敦南区地铁线路是由英国工程师爱德华·霍金森博士设计、普拉特（Mather and Platt）公司建造。矮小的车厢是为了适应窄小的地下通道而设计的，其标准直径不超过3米。

地铁全球化

现今全球大约100个主要城市都拥有地铁系统。这些隐藏在繁忙的街道以下、活跃的地铁网络保障了人们顺利出行。复合的线路、车站和车次确保了客运的快速流流通。

墨西哥博物馆

在建造墨西哥城市地铁线路系统期间，一个史前古器物宝藏被人们发掘，其中包括阿兹特克废墟和长毛猛犸象化石。人们可以在许多车站标志上找到这些伟大发现的踪影。

绚丽的莫斯科地铁站

装饰着炫目的艺术品、大理石、马赛克壁画和水晶吊灯，莫斯科地铁站是世界上最气派的车站之一。这条全球最忙碌的地铁线路于1935年由当时的苏联政府建造，其每天运载的乘客超过700万人次。

相关：蒸汽机车　见第156页

伦敦地铁

对于19世纪初期的人们来说，"下水道里通火车"这种概念是难以接受的。这个构想听起来似乎有点极端，但以查尔斯·皮尔逊为代表的主要倡导者们却坚持了自己的计划。凭借着支持和后盾，第一条地铁的建造开始了。自1860年起，成千上万勤劳的建筑工人将伦敦的街道纷纷挖开，以建设第一条地下铁道线——大都会线。

进入地下

当街道的路面被挖开并用于建造时，由于主干道被停用，路面上会出现一些暂时性的问题。此时，工人们会将轨道放入挖好的沟中，并在重新替换路面前建造衬砖的隧道。这被称为明挖回填方法。大都会线于1863年1月10日竣工，总长约6千米。

查尔斯·皮尔逊

虽然查尔斯·皮尔逊没有直接参与大都会地铁线路的管理，但是他推广了伦敦地铁的构想，并利用他自身的影响力从伦敦金融城那里筹备了充足的资金以支持它的建设。

> **如果没有查尔斯·皮尔逊坚持不懈的大力推广，世界上第一条地铁线，伦敦地铁系统的核心——大都会地铁线——就不可能得以建成。**
>
> ——麦克·罗宾，交通历史学家兼作家

交通革命

在大都会线完工之后，其他的地铁线路，包括环线、中央线、贝克鲁线、翰墨斯密斯与城市线也先后投入建设。进一步的发展计划在第二次世界大战期间，由于伦敦遭受了几次严重的轰炸而被搁置。自1940年，许多地铁站被当作防空洞使用，每个站点大概能够容纳8 000名避难者。战争结束后，扩建得以继续，并发展到今天的11条线路。这个革命性的交通系统，也成了其他国家争相效仿的标志性蓝图。

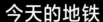

今天的地铁

21世纪，许多伦敦地铁站受益于投资和重修，而今成为众所周知的"管道"（The Tube）。这个地铁网络的客运量达到每天290万人次。超过400部手扶梯和100部升降电梯将乘客带入地下站台。伦敦地铁被称为"小圆盘"（Roundel）的独特红色圆圈与蓝色组合标志于1917年设计完成。

探索未知的器械

探索未知是人类的天性。人们总是很好奇天边、海底、月亮上甚至是自己的身体里面到底都有些什么。为此，人们制造出了许多令人叹为观止的器械。

中国人在800多年前发明了火箭，用于烟火和军事武器。从20世纪50年代起，航天机构就用更大型的火箭来发射卫星和宇宙飞船。美国国家航空航天局的"土星五号"火箭高达111米，是世界上最大的火箭。同时，为发射"阿波罗"飞船和运送人类去月球而设计的"土星五号"是至今世界上动力最强劲的航天器。

"土星五号"第一级的5个发动机产生的动力相当于30架大型喷气式客机的动力

登月火箭

美籍德裔火箭专家沃纳·冯·布劳恩带领科学家和工程师为美国国家航空航天局设计制造"土星五号"火箭。总共制造了15个"土星五号"火箭，其中13枚在1967—1973年间发射升空。

美国佛罗里达州梅里特岛上的肯尼迪太空中心是"土星五号"的发射场 —

对燃料的巨大需求

"土星五号"发射包括了3个分别在顶端有火箭栈的且会各自按顺序点燃的飞船。总重量有3 000吨，其中燃料就有2 800吨。在燃料箱燃尽之后，火箭就会丢弃它们。

"土星五号"火箭从39号综合发射场发射升空 —

3，2，1，点火！

当"土星五号"发动机点火的时候，地面会震动。7秒之后，发动机达到最大功率，火箭渐渐启动升空。12分钟后，火箭搭载的"阿波罗"飞船便到达绕地轨道。

酷炫科学

火箭的运作原理来自牛顿第三运动定律：每个作用力都会在反方向有一个反作用力。在燃料燃烧时，迅速膨胀的尾气会产生一个向前的推力，就会把火箭向前推进。

"土星五号"

在紧急情况下，发射逃逸系统可以把指令舱弹射到安全距离

指令舱是为运送航天员往返月球而设计的

登月舱运载了两名要在月球登陆的航天员

服务舱为飞船提供氧气、电力和火箭动力

航天员通过登船架到达指令舱

第三级发动机把飞船向月球推进

第一级发动机发射需两分半钟，第二级则需要6分钟

空间站

最大的航天器是空间站。因为体积太大了，所以只能把它们拆成零部件发射升空，然后在绕地轨道重新组装。

太空实验室

在1973年，由一枚"土星五号"发射的太空实验室，意在测试人们对太空生活的适应程度。6年间，有3批人员在那里生活了总计171天。

"和平号"空间站

俄罗斯"和平号"空间站，是由1986—1996年间发射到太空的7个部分组成的。在2001年任务结束前，已有来自12个国家的105名航天员到达过那里。

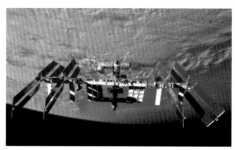

国际空间站

国际空间站是以美国和俄罗斯为首的16个国家在绕地轨道上建成的巨型空间站。

相关：航天服　见第188页；太空头盔　见第192页

莱曼·斯皮策和
美国国家航空航天局

大创意

空间望远镜的想法在1923年由火箭科学家何曼·奥伯斯首次提出。他意识到，望远镜在远高于大气之上的太空比在地球上观察宇宙会有更清晰的视野。

宣传活动

1946年，美国物理学家莱曼·斯皮策发表了一篇论文，解释为什么要制造空间望远镜。 斯皮策坚持不懈地宣传，如奥伯斯一样，他的想法也领先于当时的技术。

每周，哈勃空间望远镜传送下来的数据能填满1 000多米长的书架上的书

无线电天线接收来自地球的指令并发回数据

太阳能电池板吸收太阳光发电

航天员在维修望远镜时使用这个把手

板载电池用于在地球阴影中时为"哈勃"提供电力

空间望远镜是发射到太空观察行星、恒星、星系和其他宇宙天体的天文仪器。 跟地球上的望远镜相比，它们成像更清晰，收集的信息更多，并且能极大地增长我们对于宇宙的认识。作为历史上最重要的观测站之一，哈勃空间望远镜也是第一个太空基地光学望远镜。

银色反光隔热板防止哈勃望远镜过热

在这个区域的相机和其他仪器用来拍照和收集数据

哈勃空间望远镜

关闭孔径门来保护望
远镜不受灰尘和阳光
的损害

获取图像

哈勃空间望远镜以数字无线电波的形式把图像传送到地球。它用美国国家航空航天局的空间通信卫星舰队来传送数据。

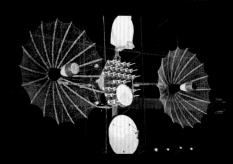

升空!

直到20世纪60年代末，美国国家航空航天局才开始空间望远镜工程的建设，并使哈勃空间望远镜成为现实。斯皮策在设计和研发中都起了关键作用。

用于哈勃成像的星光
沿着铝管照射下去

在使用中，光盾停止让光线偏离而使其进入望远镜

实物和图形

尺寸和重量都和一辆大型巴士相似的哈勃空间望远镜是太空中最大最精准的望远镜。它在距地面570千米的轨道上绕地球运行，速度约为8千米每秒，绕地球一周需要一个半小时。

空间通信

哈勃空间望远镜大约每天传送两次数据到美国国家航空航天局的一颗绕地运行的跟踪数据中继卫星，卫星再把数据发送到地球。

地面站

无线电在美国新墨西哥州的地面站发出，接受卫星数据，并发送到美国马里兰绿地的戈达德太空飞行中心。

▶▶ **前瞻未来**

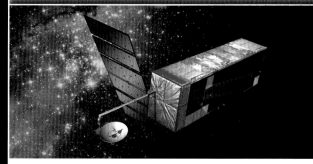

一种叫"SIM Lite"的未来太空望远镜会搜寻在其他行星轨道上的类地星球。它可以极其精确地测量出行星的位置，甚至是由附近星球引力作用引起的轻微摇摆。

空间望远镜科学设计院

太空中心把数据传送到巴尔的摩附近的空间望远镜科学设计院，只有在那儿才能把最终数据转换成图像。

相关：太阳能板 见第86页；无线电 见第110页；"卡西尼号"见第186页

哈勃在行动

　　1990年6月26日哈勃空间望远镜由"发现者号"航天飞机发射升空。自那时起，就有成百上千张宇宙图像传送回地球。这些图像帮助航天员找到遥远恒星轨道上的行星，理解星系是怎么形成的，甚至计算宇宙的年龄。哈勃空间望远镜用这些壮观的图像改变了现代天文学的面貌。

哈勃画廊

　　哈勃空间望远镜围绕地球旋转，拍到了陆地望远镜永远无法拍到的图像。它拍到了恒星的诞生和灭亡，星系之间的互相碰撞。有些照片显示了那些非常遥远的星系，"哈勃"拍摄的图片里的光线是从130亿年前在宇宙形成后不久穿过宇宙而来的。

大红斑

　　这个风暴的名字叫大红斑，它比地球还大，而且已经在木星上燃烧了至少340年了。这张"哈勃"拍摄的图片显示了大红斑和2006年形成的叫小红斑的新风暴。在右图中左边的最小的红斑是2008年出现的另一个风暴。

冰冷的两极

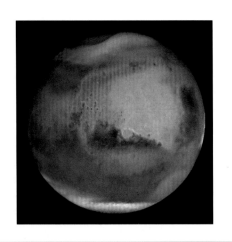

　　"哈勃"拍摄的一些图片显示了火星上的白色两极，随着季节更替而扩大或缩小。"哈勃"还拍摄到了火星上的沙尘暴，最大的沙尘暴甚至遍及了整个星球。

太空中的维修

　　航天员斯多里·马斯格雷夫站在航天飞机机械臂的末端，他的头顶上方就是地球。在1993年的这项任务中，航天员给"哈勃"安装了让它更好地聚焦的设备——就像一副眼镜！这一次总共有5项给望远镜维修和更新的任务。

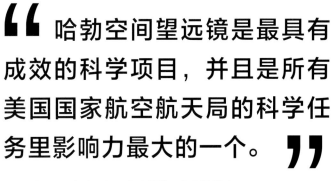

" 哈勃空间望远镜是最具有成效的科学项目，并且是所有美国国家航空航天局的科学任务里影响力最大的一个。**"**

——大卫·来克罗，"哈勃"项目科学家

"哈勃"的麻烦

　　"哈勃"的故事非常与众不同。"哈勃"是一台用曲面镜来聚焦光线的反射望远镜。曲面镜必须要有平滑并且非常精确的形状来形成清晰的图像。但在"哈勃"第一次刚要进入运行轨道的时候，科学家发现了一个致命的问题——主曲面镜的形状不对。即使是在曲面镜边缘只有人类头发内径宽度五十分之一的细小瑕疵，也足够使成像模糊不清。当时"哈勃"已经在太空里了，就只能由航天员修理。自此以后，"哈勃"就不停地工作，掀起了天文学革命。

彩色星云

　　"哈勃"拍摄了星云的美丽图像。星云是由气体和尘埃组合成的云雾状天体。有些是恒星爆炸形成的，另外一些则是在新星形成的地方出现。有些星云是阴冷的，而其他的则是炽热明亮的。

星系

　　一个星系是一起在太空运行的群星的集合。我们所在的螺旋形的星系叫作银河系，但宇宙由数百亿星系组成，每个星系又有百万亿颗星球。"哈勃"拍摄了各种形状和大小的星系，包括像我们所在的巨大螺旋状星系。

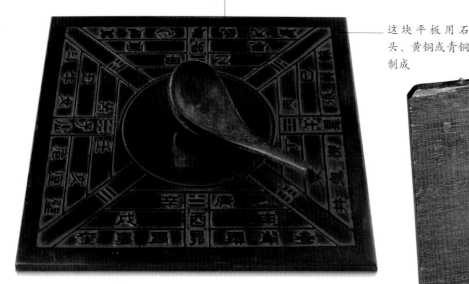

这个勺子是用磁石做成的，会一直指向北方

这块平板用石头、黄铜或青铜制成

木盒子保护指南针不受损坏

一个磁性指针安装在支点轴的顶端

旋转的勺子

第一个指南针大约于公元前220年在中国制成，它是在一块平板上放置一块汤匙形状的磁石。汤匙会旋转，直到它的勺柄指向南方，因为汤匙稍大的碗状部分是被北方所吸引。古代中国人称之为司南，意思是"指向南方"。

指南针是海上远航辨识方向的主要导航工具，记载显示，中国人大约在1100年就开始用指南针导航。在20世纪后半叶，随着无线导航和卫星导航的发展，航海导航变得更加便利。但之前如果没有磁性指南针为船导航，那么探索、发现、商贸的航行——如哥伦布发现美洲新大陆——都无法实现。

便携式指南针

旅行家、探险家、测量员和士兵都想要更轻更易于携带的小型指南针，那就是便携式指南针。一个小的磁性指针取代了早期的用大型磁石制成的指南针，指南针缩减到一个更小的尺寸——小到足够放进口袋。上图所示的指南针是美国探险家梅里韦瑟·路易斯和威廉·克拉克在1804—1806年试图寻找路线穿越北美时所使用的。

指南针

磁性指南针在分别以两极极点为中心、1 900千米半径范围内是无法正常工作的

液体指南针

如果在摇摆晃动的船上，指南针也会摇晃，那是很难正确指向的，所以船上的指南针被安装在平衡环上——转动的环使指南针在船体晃动的时候保持在一个水平面上。液体指南针是一个更具深远意义的改进。一张刻有北方的磁卡被密封在一个充满液体的玻璃或塑料容器里，液体加固磁卡使其更易读取。

一个磁性指针被固定在一张有刻度的底卡上

塑料容器里的液体加固磁卡

磁卡旋转直到零刻度线指向北方

相关：卫星导航系统　见第184页

◀ 2003年 ▶

美国国家航空航天局

　　几个世纪以来，人们一直对火星心驰神往。 人们曾一度视其为智慧生物的家园，但当20世纪70年代，第一台航天器到达火星时，发现的却是一片干燥的、满是灰尘的、毫无生命迹象的世界。从那时起，美国国家航空航天局研发了名叫漫游车的小型电力飞船来探索火星表面。2003年，他们发射了两台探测器——"勇气号"和"机遇号"，它们于2004年在火星安全着陆。只计划在那儿停留90天，从那时起它们就开始向地球发回数据了。

"勇气号"和"机遇号"已从火星表面向地球发回超过26万张图像

在火星着陆

　　当每台探测器进入火星大气层时，巨大的空气袋就在周围像气球一样膨胀，火箭也开始减速。降落的时候，在刹车和驶出之前，探测器会在空气袋里弹跳。

在火星上行驶

　　当科学家指示一个火星探测器在附近的岩石拍一张特写照片时，它会测量地表，并计算出怎样安全到达目的地。这意味着它能避开路上其他的岩石和坑洞。

照相机向外眺望着火星表面

一根高柱子支撑住上方的相机

太阳能板把阳光转化成电能给探测器提供动力

机器人手臂上带有一个岩石磨削工具

火星探测

>>> 前瞻未来

从20世纪50年代起，美国国家航空航天局就已经有把航天员送上火星的计划，但至今还没有实现过。这张由艺术家制作的重建未来火星载人探索的图像，显示了一台载有航天员的加压探测器在进行远程试验。

用杆状的无线电天线与地球交流

盘状的无线电天线把图片发回地球

探测器主体内包含电子电路，控制探测器运行

延时

美国空间站不能像操控无线电控玩具车一样操控探测器，因为火星太遥远了，甚至无线电信号都需要几分钟才能到达那里。与此同时，探测器如果不能自控，就有可能会撞上岩石。

轮子由电机驱动

火星上的生命

火星就像一个更冷、更干燥的"小地球"，科学家想知道那里是否曾经有生命存在。水是生命存在的必要元素，所以一些探测飞船和探测器一直在火星上寻找水或者曾经有水的痕迹。

地表以下

"勇气号"和"机遇号"带有相机和工具，它们寻找在水中形成的岩石。在机器人手臂的末端，有个工具可以磨削岩石表面，科学家可以由此找出岩石里面有什么。

揭开岩石的面貌

科学家认为火星上的古谢夫环形山附近曾经有液体水存在。尽管火星上现在表面已经没有液体水了，但有存在地下水的可能。

相关：机器人　见第68页；太阳能板　见第86页

卫星导航系统，又称海军卫星导航系统，于20世纪60年代投入使用。首个卫星导航系统是由美国海军研发的"子午仪"卫星定位系统（Transit）。今天，卫星导航已广泛被司机、水手和飞行员使用，以确认他们的具体位置。最常用的定位系统就是GPS——全球定位系统，这是美国政府为其军队设立的，但所有人都可以使用。

俄罗斯领导人弗拉基米尔·普京的狗戴了一个卫星导航项圈，如果它不见了，通过导航就能找到它

潜水艇和卫星导航

美国海军为其核潜艇研发了卫星导航。为了准确地发射导弹，潜艇需要知道目标的确切位置。在地面的视线之外，卫星导航就是答案。

街区地图显示接收器周围的环境

接收器移动的同时地图也跟着移动，接收器的位置始终在屏幕中央

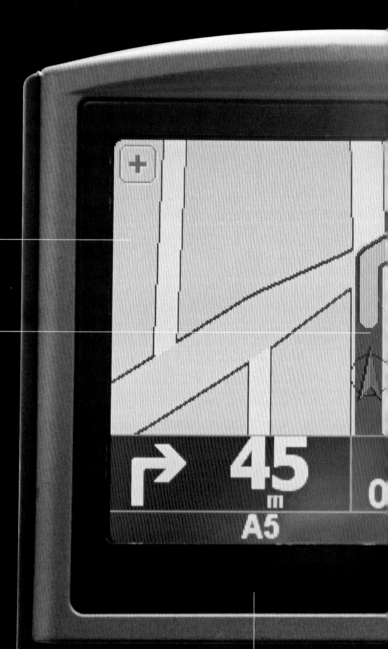

这个接收器通过触屏控制

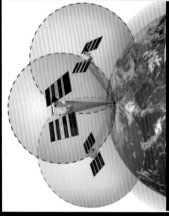

酷炫科学

GPS接收器用来自GPS卫星无线信号计算和卫星的距离。通过与三颗卫星的距离来计算其在地球表面的位置，第四颗卫星可以计算出高度。

卫星导航系统

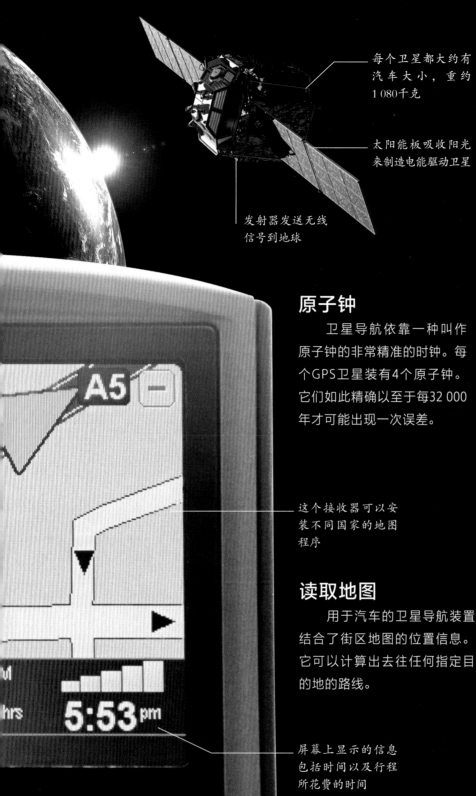

每个卫星都大约有汽车大小，重约1 080千克

太阳能板吸收阳光来制造电能驱动卫星

发射器发送无线信号到地球

原子钟

卫星导航依靠一种叫作原子钟的非常精准的时钟。每个GPS卫星装有4个原子钟。它们如此精确以至于每32 000年才可能出现一次误差。

这个接收器可以安装不同国家的地图程序

读取地图

用于汽车的卫星导航装置结合了街区地图的位置信息。它可以计算出去往任何指定目的地的路线。

屏幕上显示的信息包括时间以及行程所花费的时间

接收器可以车载供电或者由其自带的电池供电

围绕着世界

一个卫星导航系统使用分布在地球周围的20多颗卫星。GPS使用24颗卫星；一个叫全球导航卫星系统的俄罗斯卫星导航系统有24颗卫星；欧洲正在建立一个名为伽利略的新导航系统，有30颗卫星。

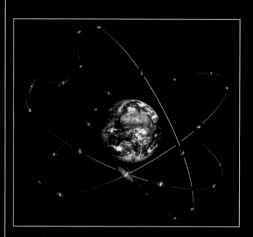

伽利略卫星导航系统

欧洲的伽利略卫星导航系统将会使用在23 222千米高空绕地运行的一系列卫星。其中24颗为工作卫星，6颗为备份卫星。

全球导航卫星系统

1995年，俄罗斯建成了它自己的卫星导航系统，叫GLONASS（全球导航卫星系统）。GLONASS的卫星在高度为19 100千米的轨道上运行，比GPS卫星稍低一些。

相关：手机　见第134页；指南针　见第180页

航天探测器是一种用来勘探各种星体的无人太空船。第一个太空探测器是"月球一号"，是1959年由苏联发射至月球的太空飞船。它是一个重为361千克的金属球体。1997年，美国太空机构——美国国家航空航天局，发射了其建造过的最大、最重，也最复杂的太空探测器——"卡西尼号"。它是以17世纪发现了四颗土星卫星的意大利天文学家乔凡尼·多米尼科·卡西尼的名字命名的。"卡西尼"还携带了一枚迷你探测器——"惠更斯号"，是由欧洲太空协会（ESA）制造的。

土星的密度比水还小——如果有足够大的一碗水，土星可以浮在上面

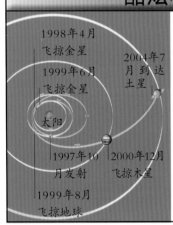

酷炫科学

1998年4月
飞掠金星

2004年7月到达土星

1999年6月
飞掠金星

太阳

1997年10月发射

2000年12月飞掠木星

1999年8月飞掠地球

太空探测器被发送去勘探最遥远的行星，利用探测器经过的行星的引力改变速度和方向。在帮助探测器走得更远的同时，这样也节省了很多燃料。"卡西尼号"在去往土星的途中飞掠金星（两次）、地球和木星。

"卡西尼号"

神秘的星球

土星光环大部分是由冰晶块组成的。主光环宽度有数万千米，而平均厚度却只有约10米。这是由意大利科学家伽利略在1610年通过望远镜观察土星的时候首先发现的——尽管那时他还不知道它是什么。后来，卡西尼用更大更好的望远镜进行观测，解开了这个谜团，并发现了著名的卡西尼缝。

"卡西尼号"点燃火箭来减速并进入土星轨道

迷你探测器"惠更斯"就在这片碟形隔热板后面

新发现

在发射升空的7年之后，"卡西尼号"到达了土星轨道。太空探测器在土星周围发现了新的卫星和光环，还在土星的一颗卫星泰坦上发现了湖泊和沙丘。"卡西尼号"的任务计划在2008年结束，但探测器太成功了以至于任务时间延长了两次，直到2017，"卡西尼号"才结束了自己的工作使命。

"卡西尼号"在发射前精简了技术员配件工具

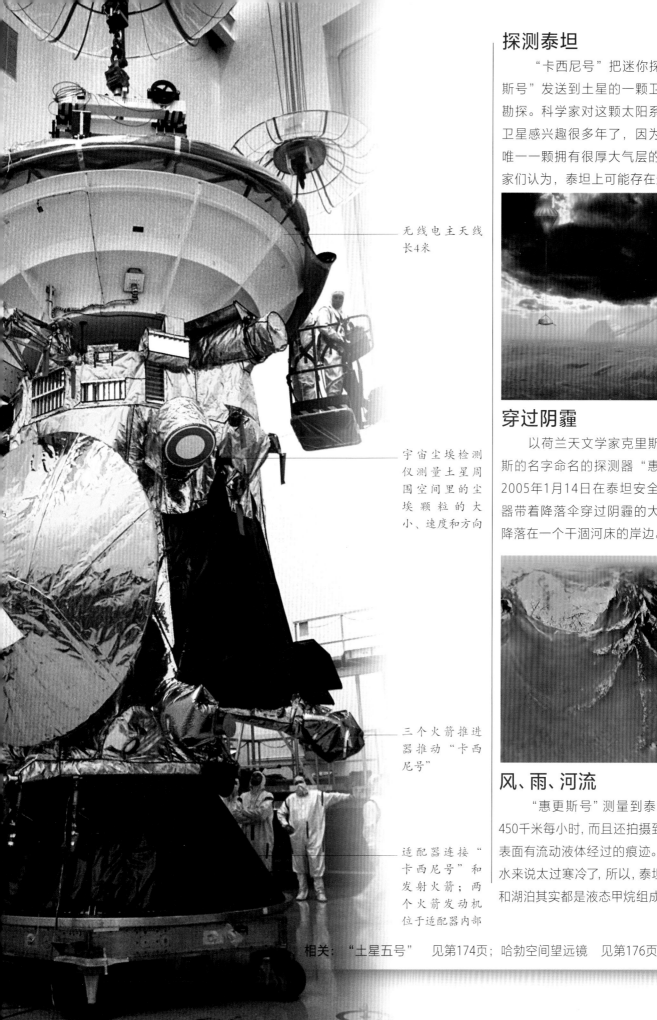

无线电主天线
长4米

宇宙尘埃检测
仪测量土星周
围空间里的尘
埃颗粒的大
小、速度和方向

三个火箭推进
器推动"卡西
尼号"

适配器连接"
卡西尼号"和
发射火箭；两
个火箭发动机
位于适配器内部

探测泰坦

　　"卡西尼号"把迷你探测器"惠更斯号"发送到土星的一颗卫星泰坦上去勘探。科学家对这颗太阳系中第二大的卫星感兴趣很多年了，因为它是太阳系唯一一颗拥有很厚大气层的卫星，科学家们认为，泰坦上可能存在生命。

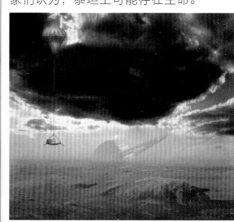

穿过阴霾

　　以荷兰天文学家克里斯蒂安·惠更斯的名字命名的探测器"惠更斯号"于2005年1月14日在泰坦安全着陆。探测器带着降落伞穿过阴霾的大气层，然后降落在一个干涸河床的岸边。

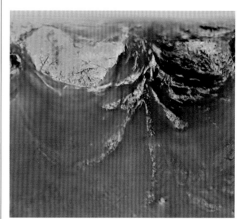

风、雨、河流

　　"惠更斯号"测量到泰坦的风速为450千米每小时，而且还拍摄到了一块岩石表面有流动液体经过的痕迹。泰坦对液体水来说太过寒冷了，所以，泰坦的雨、河流和湖泊其实都是液态甲烷组成的。

相关："土星五号"　见第174页；哈勃空间望远镜　见第176页

太空中没有空气。 在太空的阴影处比冰箱里还冷，而在阳光直射处比沸水还烫。航天员进入太空时，他们乘坐的是宇宙飞船。如果他们要走出飞船，就需要穿航天服。如果不穿，航天员就会在瞬间丧生。美国航天公司B.F.古德里奇被美国国家航空航天局选中，来研发一种能在太空勘探的航天服，最终在1959年完成设计。

量身定制

最初的航天服都是根据每个航天员的身材量身定做的。而今天，航天员在航天飞机和国际空间站里穿着的航天服，无论裤腿、衣袖还是衣身都是分别按照标准尺寸制作的，就像在商店里买的衣服一样。各个部分以不同的组合拼合在一起，适用于90%的人。每个航天员都有两套航天服，一套是训练服，另一套是正式飞行的服装。飞船或空间站的航天服在地球上重量为127千克，而在太空中几乎没有重量。

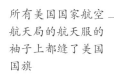

所有美国国家航空航天局的航天服的袖子上都缝了美国国旗

头盔牢牢地锁定在这个金属环的位置

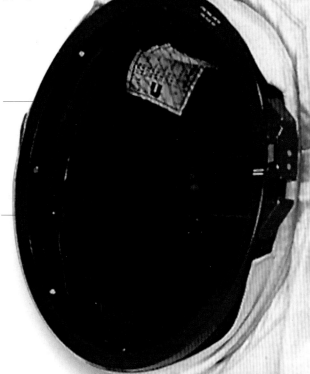

返回地球后，航天服能在海水里坚持高达24小时不渗水

内层包含了涂有氯丁橡胶的尼龙材质（也被用于制造潜水服）

◀◀ 灵感的火花

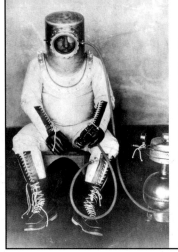

美国人威利·波斯特想比别人飞得更高。距离地面太远的空气过于稀薄而不能呼吸，而波斯特帮助设计了能覆盖整个身体和头部的服装，用空气泵把空气抽送到衣服里，从而使他能够呼吸。1935年，他飞到了15 240米以上的高空。

"阿波罗20"计划

如右图所示的航天服是在1974年的"阿波罗20"登月计划中给航天员杰克·洛斯马穿的。但他未曾穿过，因为"阿波罗18～20"登月计划被取消了。

严格挑选的材质确保了航天服上面不会滋生霉菌和细菌

航天服

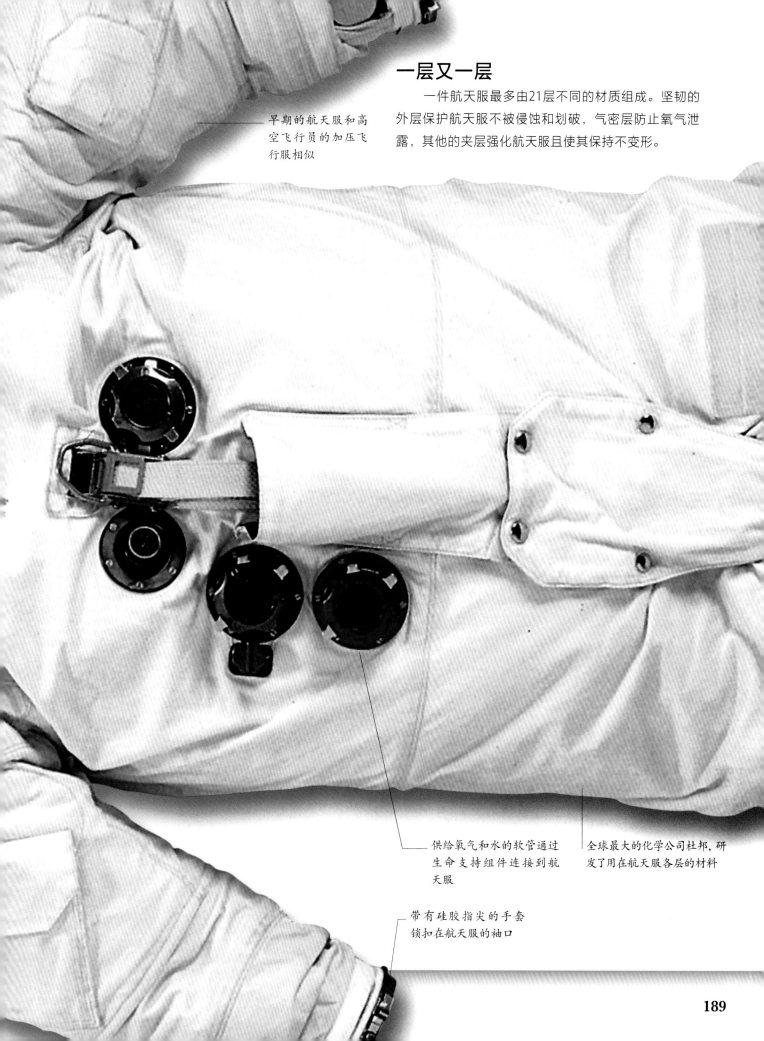

一层又一层

一件航天服最多由21层不同的材质组成。坚韧的外层保护航天服不被侵蚀和划破,气密层防止氧气泄露,其他的夹层强化航天服且使其保持不变形。

早期的航天服和高空飞行员的加压飞行服相似

供给氧气和水的软管通过生命支持组件连接到航天服

全球最大的化学公司杜邦,研发了用在航天服各层的材料

带有硅胶指尖的手套锁扣在航天服的袖口

背包

　　航天飞机和国际空间站的航天员穿的航天服在太空行走时有背包。航天服的背包为航天员的呼吸提供氧气，背包里还有无线电供航天员之间或与地球上的控制站对话。

紧急救援装置

　　太空行走的航天员通常有一条安全绳连接到宇宙飞船，这样他们就不会飘进太空了。如果最坏的情况发生，航天员没有夹在飞船上而飘走了，航天服就会启动紧急救援装置。夹在背包上的装置叫SAFER（EVA简易救援装置），是个喷气包。航天员可以点燃氮气喷气包飞回宇宙飞船。

口袋用来放设备、器具和清单

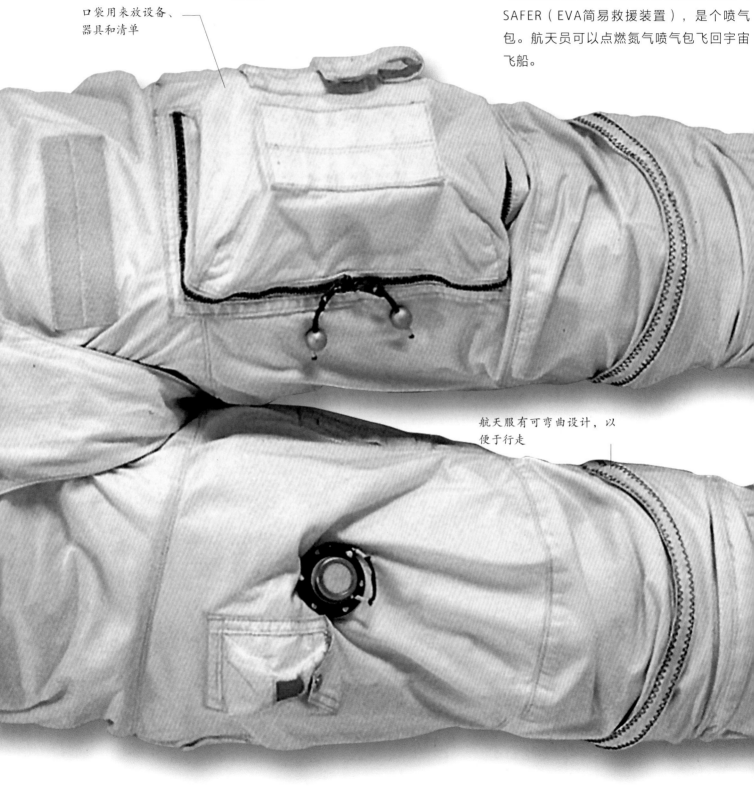

航天服有可弯曲设计，以便于行走

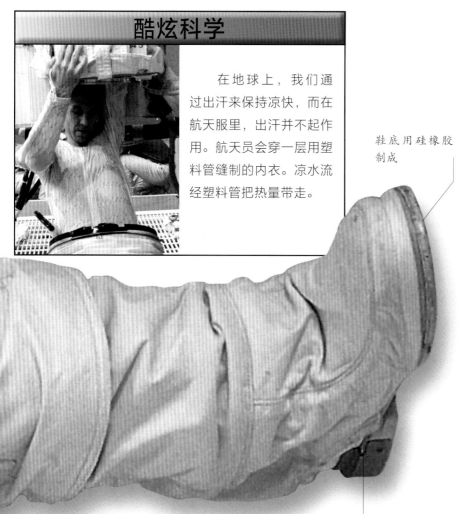

在地球上，我们通过出汗来保持凉快，而在航天服里，出汗并不起作用。航天员会穿一层用塑料管缝制的内衣。凉水流经塑料管把热量带走。

鞋底用硅橡胶制成

航天服必须承受极端的温度，从120摄氏度的高温，到零下150摄氏度的低温

现代航天服的靴子和裤腿部缝在一起，不像早期的水银航天服，靴子是有鞋带的。

用于减轻太空靴重量的设计后来被用于改进运动鞋的鞋底

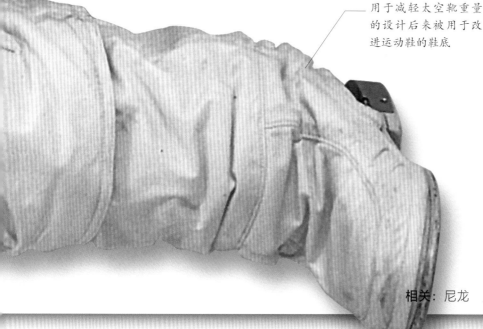

太空训练

在一个任务之前，航天员要训练几个月。他们一遍一遍地重复练习每一件在太空会做的事，直到可以娴熟完美地完成。

水下训练

航天员在进入太空执行每个任务前，都要在一个巨型游泳池训练100个小时以上。水下训练的感觉和在太空相似。

飞行训练

自20世纪60年代开始，"T-38"喷气式飞机就被美国国家航空航天局用于训练航天员。航天员每个月需训练驾驶喷气机15小时，来保持他们的优异的飞行技术。

体验零重力

航天员在一个叫呕吐彗星的机舱内体验零重力。当进入失重状态时，里面的人就漂浮起来。

相关：尼龙　见第44页；运动鞋　见第236页

头盔用抗撞击的
塑料和橡胶制成

对于勘探和危险的作业， 头盔是安全服装的一个重要组件。第一个安全头盔是皮革制成的，但当飞行员开始探索天空的时候，头盔就需要用更强韧的材料来制作了。第一个宇宙飞行帽是由美国国家航空航天局和美国B.F.古德里奇公司共同研发的，和军事飞行员的头盔相似。后来，航天员有了专为太空旅行设计的更好的头盔。

在头盔护面上镀上一层
镉金涂层防止航天员受
太阳刺眼光线的伤害

最新的航天服头盔装有探灯，能让航天员看到太空中阴影的部分

完美结合

　　B.F.古德里奇在1963年为美国国家航空航天局研发的这个头盔（右图）从未真正进入过太空，但它给下一代头盔带来了灵感。它是用一种带有叫环氧树脂的坚硬涂层的玻璃纤维制成的。它被模压成航天员头部的形状，并接合到航天服的颈部。还附有一个可以上提的有机玻璃帽盖。当帽盖降低到闭合的位置时，就能锁住。

太空头盔

酷炫科学

早期的太空头盔在航天员工作的时候容易起雾：他们的呼吸会让头盔面板上有一层薄雾。后来的头盔使用了气流和防雾喷雾来使面板保持清洁。头盔也有暗色的帽盖，保护航天员的眼睛不被太阳耀眼的强光刺伤。

便于活动

最初的头盔贴合得很紧，像摩托车的头盔，航天员在转头的时候会随着一起转动。后来的头盔就大了一些。它们扣在航天服的肩膀上，而且不会随着航天员的头一起转动。

麂皮耳机固定了用于无线电交流的设备

这个头盔是原型，它是这个类型的头盔里第一个被制造出来的

太空对话

早期的太空头盔有内置的麦克风和耳机，以便航天员可以互相对话和控制任务。今天，航天员都在塑料泡沫头盔里戴配有麦克风和耳机的帽子。

头盔上有饮水喷嘴，航天员可以透过头盔喝水

头部护具

日常生活中，坚硬的头骨保护着我们的大脑，但在高速移动的时候，头骨是不能承受更大的撞击的。在这个时候，就需要头盔。

冰上赛车

一辆四人冰车、雪橇，在冰道上的最高时速能达到140千米每小时。队员都戴全断面的头盔，和摩托车头盔相似。

为速度而设

一级方程式赛车所用的头盔是为每个选手特别制作的。一个头盔是由至少17层像碳纤维之类的材料制成。

帅气车手

单车头盔很轻，上面还有保持车手头部凉爽透风的镂空槽。这种头盔通常是用包裹着聚碳酸酯、碳和尼龙质的硬壳的聚苯乙烯泡沫做成的。

相关："土星五号" 见第174页；航天服 见第188页

威廉·毕布和奥蒂斯·巴顿

潜水器是用来勘探水下世界的，主要使用人群是科学家。潜水器是由球形潜水装置发展而来的，而球形潜水器是威廉·毕布和奥蒂斯·巴顿在1930年发明的。绝大部分潜艇都是自主运行的大型舰艇，而潜水器需要用船运输到勘探现场，外形也比潜艇小得多。有些潜水器可以潜得比潜艇都深。

毕布和巴顿

美国探险家威廉·毕布对深海潜水很感兴趣，但在20世纪20年代，还没有可以用于潜水的潜水器。他便和工程师、发明家奥蒂斯·巴顿联手，发明了第一台球形潜水装置——一个系在缆绳上潜入海中的中空铁质钢球。

1934年，毕布（右图左）和巴顿与潜水球

受力设计

巴顿把潜水器制成圆球状，是因为这样的形状在深水下更能承受巨大的水压。水压对潜水器强大的冲击力被均匀地分散在圆球表层。现代潜水器的船员是坐在一个被称为耐压壳体的厚壁球内。

摄像头记录了船员可以看到的一切

"新海6500"

突破性潜水器

一艘名为"特利亚斯特"（Trieste）的潜水器在1960年载着两名船员潜到10 911米深的位置，打破了当时的潜水纪录。今天，潜水器的发展日新月异，比如日本"新海6500"（Shinkai）潜水器，它可以携带3名船员。

潜水器

高尾鳍使它在行驶的时候保持平稳

主推进器驱动船艇在水中行驶

船身有供船员就座的坚固的区域

"新海6500"潜到其极限深度需要两个半小时

酷炫科学

"深海勇士号"是中国研制的深海载人潜水器。潜水器名字的寓意是希望它像勇士一样探索深海的奥秘。作为高度国产化的大国重器，"深海勇士号"自2017年8月在南海进行首次载人深潜试验以来，已经完成了上百次深海科考任务，取得了多项新发现。

隐藏的世界

地球表面的70%被水覆盖，而存在于又黑又冷的海底深处的生物，为人知晓的少之又少。在深海潜水器的帮助下，研究人员正在揭开一些隐藏的海洋瑰宝的面纱。

深海生物

在1 000米以下的海洋是一片永久黑暗的世界。上图中这种蝰鱼生活在海平面以下500~2 500米，一番弱肉强食之后，蝰鱼已经适应了这种残酷的生存环境。

深海温泉口

在1977年，被称为热水流火山口的热泉水在海底被发现。只有很少一部分人曾经见过。

有12个人曾在月球上行走过，但只有3个人到达过世界海洋的最深处

1943年，法国人雅克·库斯托和埃米尔·嘉格纳恩发明了便携式水下呼吸器。

在那之前，潜水员都穿又厚又笨重的潜水服装，还拴着一根通往地面供给他们呼吸的软管。水下呼吸器让潜水员在水下可以自由地游泳，同时，后背的氧气瓶能供给呼吸。这样潜水员就可以潜入水下勘探海洋、检查钻井、进行搜救工作，或者只是娱乐。

被称作潜水服的第一个潜水装备是由德国机械师卡尔·海因里希·克林格特在1797年制造的。他用皮革夹克和裤子制成，还有一个装有几块给潜水员看清外面的小玻璃窗，潜水员通过软管呼吸。

循环供氧

一种水肺装置叫作循环呼吸器。这种装置收集潜水员呼出的气体，然后把氧气供给潜水员。循环呼吸器经常用于长时间潜水，这减少了潜水员需要背负的气体量。

在压力下

水下呼吸器最重要的部分是调节器，它以和周围水压相同的压力为潜水员供给空气。如果没有它，水压会压迫潜水员的胸部使其无法呼吸。

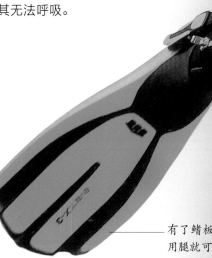

有了鳍板，潜水员仅用腿就可以游得很快

压力计显示气罐里还剩多少气体

水中呼吸器

空气管把空气输送到潜水员的喉部

调节器用和水压相同的压力输送空气

潜水员背后的气罐里有压缩（高压）空气

面罩使潜水员在水下看得更清楚

当潜水员要吸气时就打开自动供气阀让空气通过

紧身潜水衣可以使潜水员保持体温，并且保护他们不被擦伤和划伤

智能潜水

今天，计算机可以被应用在任何领域，包括潜水在内。潜水计算机测量潜水用时和潜水深度，并警示那些在水下待的时间过长或是那些出水过快的潜水者。

潜水病

如果潜水员上升太快，气体就会溶解在血液里形成气泡。这会导致潜水减压病，又称为潜水病。这令潜水员非常痛苦，甚至是致命的。要防止潜水病，潜水员可以在回到水面的途中停下几次，进行减压。

水肺套装

有很多不同类型的潜水服和水中呼吸器套装。还有为600米的深度潜水而设的超强潜水服，那里的水可以产生破坏性的压力。

盔甲服

大气潜水服让潜水员呼吸到他们平时在相同压力下呼吸的空气。这种潜水服必须足够强韧来抵挡在他们周围的强大水压——比如像水密盔甲服。

潜水狗

夏朵（Shadow）是一只有自己专属潜水服的狗。它穿一件灌铅、重型外套，戴了一个头盔，所以它能在水下行走。夏朵通过一根连接在它主人身上空气罐的橡皮软管呼吸空气。

莱昂纳多·达·芬奇在500年前就设计了潜水服

相关：潜艇　见第148页；潜水器　见第194页

雅克·库斯托

雅克-伊夫·库斯托于1997年去世，但他依然是世界上最著名的海底探险家。在20世纪40年代，他还是个年轻的海军军官的时候，库斯托就想向所有人展示他在潜水时看到的奇观。他把余生精力都倾注在研发海底探险和影片制作的设备上。

"水肺"

1942年，库斯托和工程师埃米尔·嘉格纳恩一起研发了潜水调节器，一年后，他们开始贩售"水肺"，这是库斯托的潜水设备中至关重要的一个部分。在1949年离开海军之后，他改装了一艘叫卡吕普索的船来当浮动实验室，并把它作为全球探险和影片制作的基地。

"卡吕普索号"

"卡吕普索号"原本是一艘扫雷艇（在航道上清除地雷的船），用作库斯托的潜水船长达40多年。1996年，"卡吕普索号"在新加坡海港与一艘驳船相撞之后沉没。

有想法的人

库斯托和设计师及工程师们一起生产研发新型机械和车辆，用于海洋探险，包括水下摩托车以及看起来像飞碟的微型潜水器。

海底之家

雅克·库斯托想要证明人可以在水下生活和工作。在1962—1965年间，他建造了名为"康谢尔夫一号""二号"和"三号"（Conshelf Ⅰ，Ⅱ，Ⅲ）的水下基地，最多可容纳6名潜水者，称为潜航员。他们最多能在水下基地生活1个月。

碟和跳蚤

库斯托研发了碟形潜水器，它可以承载两个人潜入水下400米。库斯托同时也用一艘可以下潜500米名为"海洋跳蚤"的小船做了实验。

库斯托的遗产

在库斯托的晚年，他的工作从探险扩展到研究海洋、保护海洋。他是最早推广"地球上的海洋环境非常脆弱"概念的人。1973年，他成立了保护海洋生物的库斯托协会，以筹集用于教育、科研以及保护大自然的资金。虽然库斯托不再掌管这些事情了，但他的事业还在继续。

海底电影

上百万人都是从库斯托拍摄的影片里第一次看到海底世界的。他还制作了长期播出的电视系列片。

> ❝人们从出生之日起就承受重力……而只有当人们潜到海面之下，才会自由。❞
>
> ——雅克-伊夫·库斯托

内窥镜内的光导纤维是一股像发丝一样细的玻璃线

医生使用光纤内窥镜， 不用开刀就可以看到病人身体内部。这种技术改变了手术方式，使许多操作更安全、更容易，手术费用也更便宜。内窥镜是一根细长的软管，内含名为光学纤维的玻璃线。光通过光纤进入患者体内，再反馈回图像。内窥镜顶端的仪器可以抓握、切割，还可以用来取样。

更好的视野

20世纪50年代，巴兹尔·赫秀维茨是美国密歇根大学的一名内科医师。当时，医生们将金属管伸入病人胃和肠道诊断病情，巴兹尔想寻求一种更好的方法。在阅读了有关光纤的资料之后，他研发了第一个可弯曲光导纤维内窥镜。医院于1960年开始使用这种内窥镜。

医生通过目镜看到内窥镜顶端的图像 ——

酷炫科学

当光进入光纤的一端时，就保留在纤维里了。即使纤维弯曲或者打结，光始终在纤维里面并随之到另一端，就像水流过弯曲的管道。光纤必须用纯度极高的玻璃制成，不能有缺陷，以把最大强度的光束从一端传输到另一端。

光纤内窥镜

医生通过内窥镜所看到的图像会显示在屏幕上，其他人也可观看手术过程

人们已经研发出药片大小的内窥镜，即胶囊内窥镜。当病人把它吞下，胶囊经过体内的同时可传送图像。将来，胶囊内窥镜可能会实现自动，并有可能用可以活动的手臂进行小手术。

第二屏幕显示从内窥镜内置显微镜中看到的放大图像

微调

医生可以通过转动顶端指点不同的方位来控制内窥镜。这使医生能全面观察病人的胃，或者引导内窥镜通过病人的肠。在光纤内窥镜发明以前，医生常常只有进行大手术来查看病人身体内部。这样的手术更危险，而且恢复时间更长。

内部探险家

可弯曲的光纤内窥镜并不是第一个内窥镜。内窥镜是由菲利浦·博奇尼于1805年发明的，是一根硬管。硬性内窥镜今天仍然在使用，用来检查鼻子、关节和其他不用医生弯曲转动内窥镜的身体部位。

相关：显微镜　见第14页；X射线　见第16页；磁共振图像　见第202页

磁共振图像

成像技术的开创性发展

使得医生能够探究人类身体难以想象的细节。使用X光射线原理的成像装置擅长于透视骨头部位，但却无法对身体柔软的部分产生同样的效果，例如肌肉、神经和内脏。磁共振成像扫描仪，则是专门运用于检测我们身体的软组织的。

谁发明了磁共振成像技术？

1970年，美国科学家雷蒙德·达马蒂安发现使用磁铁和无线电波可以检测出人体内的肿瘤，他的这项磁共振技术在1974年获得专利。20世纪70年代，以美国人保罗·劳特布尔和英国人彼得·曼斯菲尔德为首的科学家们，发明了能够拍摄出人体内部细节图片的，更为先进的磁共振成像扫描仪。

神奇的技术

以下是两个无需手术，运用其他成像技术检测人类身体的范例。第一张图片展现的是一个未出生的婴儿生长的画面，另一张则显示了人脑的思考。

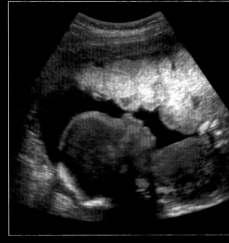

超声波

未出生的婴儿的扫描使用的是超声波，即高频率声波技术。声波能穿透母亲的身体检测到婴儿后弹回来。反射回来的声波被电脑接收和处理并产生图像。

—— 将几种扫描综合在一起可以制作出一张清晰的人体全身透视图

在磁共振成像的扫描下，人类脑部的构造清晰可见

磁共振成像扫描可以发现存在于肌肉、神经和血管中的问题

在这张彩色磁共振扫描图中，肝脏呈现出粉红色

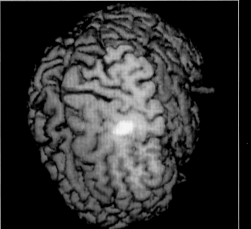

灵感的火花

物理学家伊西多·拉比发现了磁共振扫描仪技术的原理，也就是我们所熟知的磁共振现象。早在20世纪30年代，他就是将这个原理用于探索原子微粒并对其有了更多的了解。正是这些发现引领了后人围绕这个原理做出了各种相关发明，包括原子钟、激光及磁共振成像扫描仪。

脑磁描记法

脑磁描记法用于生成脑部实际活动时的图像。它通过测量电流流经脑部时所制造出的微小磁力，来显示入脑中正在运行的部分。

它是如何工作的

磁共振成像扫描仪是利用磁性和无线电波来产生图像的。患者仰卧在放置于强大磁体内的台子上。此时其身体中的原子微粒会随着磁体像罗盘针似的排成队列。随后，强烈的无线电波会将这些原子微粒转向一个不同的方向，当这些原子微粒返回其原来的队列时，它们会发出无线电信号，电脑便将这些信号转化成图片。

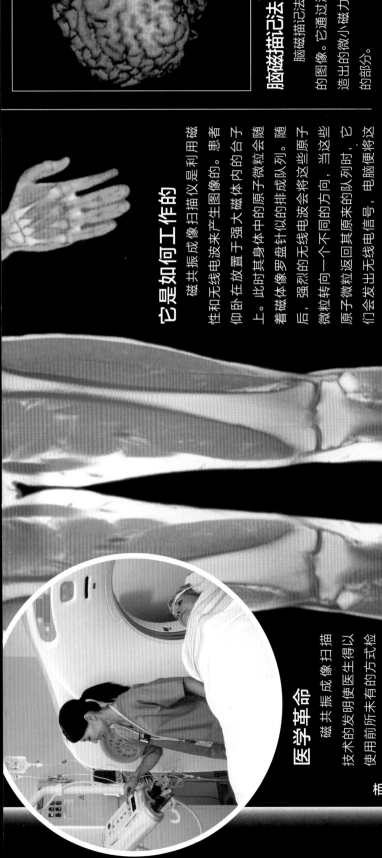

图中黄色部分
为骨骼

医学革命

磁共振成像扫描技术的发明使医生得以使用前所未有的方式检查人类身体内部。这项技术为医生提供了一种发现疾病的全新方式，这是其他扫描技术根本无法办到的。

每年，有超过6 000万台磁共振成像扫描仪在全世界范围内投入使用

相关： X射线　见第16页；光纤内窥镜　见第200页

文化的乐趣

我们今天的生活集合了许许多多创意和发明。它们之中的一些对于我们来说至关重要，如果没有它们，生活就无法进步；但还有一些发明，为我们的生活增添了更多乐趣！

圆珠笔便宜且使用方便，是现在世界上最普遍的书写工具。它是一位名为季斯洛·比罗的匈牙利记者发明的。比罗对所使用的钢笔很失望——笔尖很容易漏墨水，这很难清理，老把纸面弄得很脏，因此，比罗发明了用滚动的小球代替钢笔笔尖的新型笔。他的圆珠笔在20世纪40年代首次对公众出售，便一鸣惊人。据估计，现在一天能卖出约1 500万支圆珠笔。

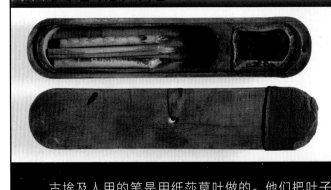

◄◄ 灵感的火花

古埃及人用的笔是用纸莎草叶做的。他们把叶子一端削尖作为笔尖蘸墨水，把植物磨碎加水混合制成黑墨水，书写工具和墨水都放在一个木盒子里。

来自高空的订单

季斯洛·比罗收到的第一批圆珠笔的大订单来自英国皇家空军。皇家空军购买圆珠笔给战斗机飞行员在高海拔处使用——墨水不会漏得座舱到处都是。

比罗（图中看到的是他在用自己发明的一支圆珠笔书写）的成功也有他的化学家兄弟乔治的功劳，是乔治研发了黏稠快干的油墨。

有些笔套可以拧开，这样笔芯的油墨用完的时候可以替换

这个可重复充填的模型笔是最早生产出来的圆珠笔之一，也是英国最早的圆珠笔之一

这个球窝结构形成了笔尖

科学应用

比罗发明的圆珠笔有一个新型笔尖，笔尖里的小金属球可以在球座里转动。当笔划过纸张时，小球滚动，从墨管里蘸取油墨并在纸上留下痕迹。

圆珠笔

价格大众化

在油墨用完后就丢弃的设计使圆珠笔在日常用品一次性的主张上有所贡献，但是，非生物降解的塑料管却凌乱地堆满了垃圾填埋场。

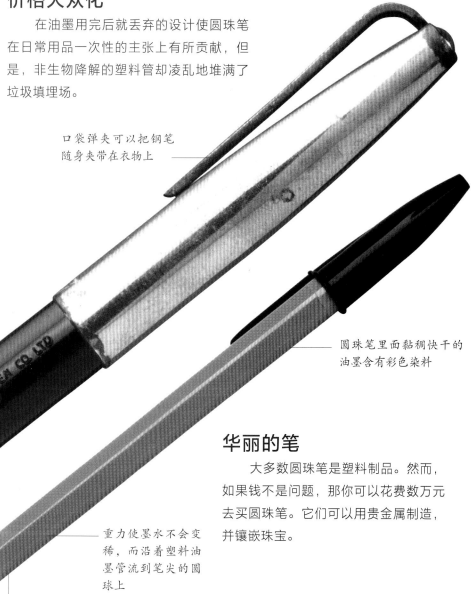

口袋弹夹可以把钢笔随身夹带在衣物上

圆珠笔里面黏稠快干的油墨含有彩色染料

华丽的笔

大多数圆珠笔是塑料制品。然而，如果钱不是问题，那你可以花费数万元去买圆珠笔。它们可以用贵金属制造，并镶嵌珠宝。

重力使墨水不会变稀，而沿着塑料油墨管流到笔尖的圆球上

设计塑料套为了更容易抓握

酷炫科学

笔尖的圆球阻止了圆珠笔里的油墨干燥并且控制油墨流动。这需要圆球很合适地紧贴在笔尖的插口，以防油墨泄漏，同时也必须有空间让圆球自由滚动，以便让油墨能在纸上留下平滑均匀的轨迹。

21世纪的笔

在一个崇尚技术的时代，即使是简陋的笔，也可以被彻底改造，绝对连季斯洛·比罗先生都认不出来。

数码笔

Anoto数码笔装有微型数码相机和微处理器，能把手写和涂画的动作转换成数字信号，在电脑屏幕上显示文字和图像。

打击犯罪的笔

紫外线钢笔被用来标示安全防伪标志的所有权。这些印记只有被紫外线照射时才会显现。

1938年以来，已售出超过1 000亿支圆珠笔

相关：PET瓶　见第30页；微信息处理器　见第92页；数码相机　见第106页；胶黏物　见第128页

伞的历史可以追溯到几千年前的古代。 在很多文化里，装饰性的伞大多被用在宗教仪式里，或为统治者使用。第一把伞是遮阳伞，是为了遮挡阳光而设计的。到16世纪，阳伞是欧洲多数时尚女性的流行时尚配饰。中国人最早在伞的油纸篷上涂防水蜡来挡雨。1928年，德国工程师汉斯·赫伯特发明了便携缩骨伞，使其成为实用的"雨天卫士"。

纸制篷面附在竹伞骨的下面

遮阳

阳伞在中国被用来遮阳已有至少2 000年了。伞柄和伞架是用传统的竹子制成，在伞架竹骨之间覆盖上油纸制成伞篷。伞篷上常被画上华美的图案。

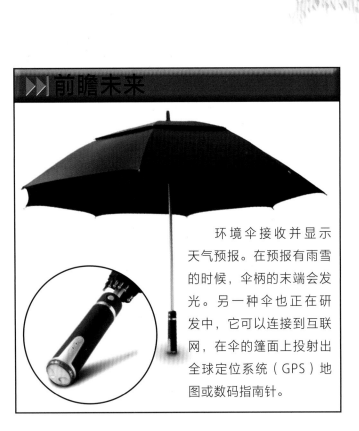

▶▶ 前瞻未来

环境伞接收并显示天气预报。在预报有雨雪的时候，伞柄的末端会发光。另一种伞也正在研发中，它可以连接到互联网，在伞的篷面上投射出全球定位系统（GPS）地图或数码指南针。

方便的"汉威"

直到18世纪，伞在西方一直被认为是女性的装饰点，所以当英国旅人约翰·汉威在18世纪50年代第一次拿着伞从下雨的伦敦街道走过的时候，他被嘲笑了。汉威并没胆怯，而是在他的余生里都带着伞出行。他这种潮流的行为迅速被追随，并在一段时间里，伞甚至被称为"汉威"。

每年，有超过75 000把雨伞丢失在伦敦的公共交通系统中

金属伞骨插入伞柄顶端的切口中

伸张器连在接口上，沿着伞柄上下滑动

把一片片防水尼龙布料缝在一起制成伞篷

多年来，伞的基本结构没什么变化

金属铰链用来连接伸张器和伞骨

人们用伞篷挡雨、遮阳

伞柄底部的弹簧扣能固定住合上的伞

伞柄底部是手柄，上部是尖顶

实用和轻便

1852年，英国人塞缪尔·福克斯制成了比4.5千克的木材和鲸须架轻得多的钢架伞。德国发明者汉斯·豪普特不久之后改进出了可以伸缩的折叠伞。

现代装置

现在绝大多数伞的伞篷是防水尼龙材料制成的。支架和手柄则大多用有聚四氟乙烯涂层的铝和玻璃纤维制成，以使其更轻便。一些伞还带有可以使伞自动收放的装置。

相关：万维网　见第38页；尼龙　见第44页；卫星导航系统　见第184页

乐高积木激发了几代儿童的想象力。乐高积木大范围地囊括了各种形状和尺寸，绝大多数含有两种基本组件——顶端的凸粒和内侧的孔。把一块积木的凸粒顶部推进另一块的孔里，使两块积木贴合在一起。从海盗船、警察总部到各种机动车辆和智能机器人，你可以用积木组装创造出任何东西。

有趣和灵活

乐高积木能用来创造任何数目的设计和结构。同种颜色的6块8凸粒积木有超过9亿种组装方法。

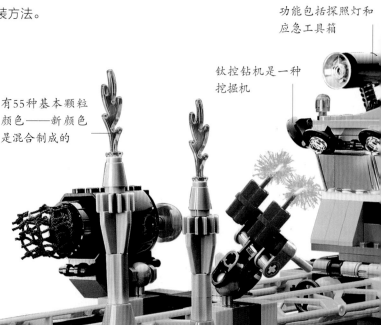

功能包括探照灯和应急工具箱

钛控钻机是一种挖掘机

有55种基本颗粒颜色——新颜色是混合制成的

可调式钻井平台

双齿轮旋转式钻头

重型钉轮

熔化和成型

在丹麦的乐高工厂，熔化塑料颗粒的温度是232摄氏度，塑料被融化成液体后再注入积木模具成型。

乐高超级矿工配有的工作设备

乐高积木

站立的小人

乐高在1987年推出了第一个迷你模型小人。他们有可以抓住小配件的手,手臂和腿也都能活动。这些设计是为了让儿童发挥想象力,创造他们自己的故事。

迷你小人独特的手部设计是为了让其抓握乐高工具和机械

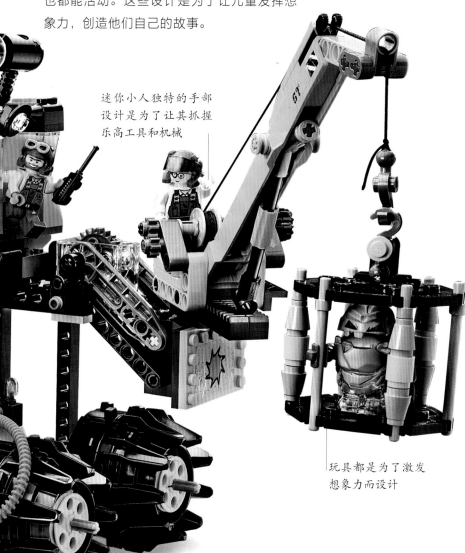

玩具都是为了激发想象力而设计

这个模型可以变成一个垂直钻井平台

每分钟有约6万块积木被生产出来

酷炫科学

当把一块积木按到另外一块上面的时候,下面这块积木的凸粒就会插进上面那块的内壁和孔之间,两块积木就紧紧地插接在一起。这样就防止了松动或脱落。

设计开发

设计玩具的第一步是找到灵感。乐高设计小组的成员为故事、模型和元素出主意。

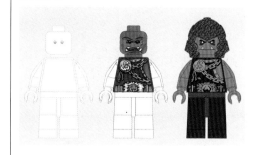

粗略地画出来

每一个迷你模型形象都是从一块空白设计模板开始的。艺术家和设计师通过用记号笔或者电脑添加各种颜色和形象特征来制造和完善作品。

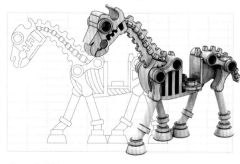

电脑模型

工程师和模型设计师制造实体模型和3D电脑模型来尝试和实践他们的想法。有些部件在扫描进电脑之前都是用手工雕刻的。

模型制造者

在孩子们试玩之前,所有的部件都要经过严格确认是否对儿童安全以及是否符合乐高系统标准。

相关:PET瓶　见第30页

玩得好

乐高集团创立于丹麦比隆，它最早是一个生产木制玩具的企业，发展到现在已经成为世界第四大玩具生产商，在130多个国家销售其知名的塑料组装积木。公司是由一位出色的木匠——奥勒·基尔克·克里斯蒂安森在1932年一手创立的。他为公司取名为"乐高"，来自丹麦语"leg godt"，意思是"玩得好"。

奇妙的塑料

　　奥勒·基尔克·克里斯蒂安森起初做的是木制玩具。他把产品定位为高质量、足够坚硬耐磨的玩具，以使其可以从孩子手中一代代传下去。当塑料投入使用之后，奥利·柯克也与时俱进。1947年，他买了一台塑料注射成型机，并在两年后开始研发了一种可以创造出任何东西的新玩具——咬合结构的塑料砖。

一个家族企业

　　三代人都参与了家族事业——创始人奥勒·基尔克，儿子哥特弗雷德·基尔克以及孙子凯尔·柯克。1978年，哥特弗雷德和凯尔讨论制造一辆模型汽车。

玩具汽车

　　奥勒·基尔克的儿子哥特弗雷德·柯克于1937年加入了公司。在他为公司所做的众多贡献之中，由他设计的木制玩具汽车带有详细的技术图纸。

创建未来

　　20世纪50年代，带有乐高标志的塑料积木和它所秉持的"游戏系统"的概念逐渐发展起来，孩子可以利用乐高积木创造一个拥有无限可能性的完整小镇。基于产品的成功，第一座"乐高乐园"（LEGOLAND）主题公园于1968年在丹麦比隆开幕。游客可以在由乐高积木搭建成的微型城镇中漫步。到20世纪90年代，乐高制造出可编程的机器人积木。在乐高87年的历史中，已经制造了超过4 000亿块彩色乐高积木。

玩具套装

　　乐高公司在1955年推出了首个套装玩具——城镇套装一号。它包含了积木和其他材料配件，使其能创造出一个乐高城镇中心。年少的凯尔出现在外包装上。

模型家庭

　　在1974年，乐高推出了"200乐高家庭"玩具套装，其中包括了祖母、父亲、母亲、儿子和女儿。这套玩具很快成为那时最畅销的产品。

乐高机器人

　　乐高在2006年推出了思维风暴NXT机器人。可以控制其走路、视听等。

❝ 只有最好才足够好。❞

——奥勒·基尔克·克里斯蒂安森

1978年，当索尼的名誉主席井深大在视察公司的时候，他灵机一动，何不让音乐跟着耳朵走？公司其中一个部门已经为记者们研制了一种小型录音机叫"新闻人"，而公司的另一部门正在忙于开发轻便型双耳式耳机。如果这两者合而为一会怎么样呢？索尼公司成立了一个工作组实践了这个想法，并将研制出的新型产品送到索尼公司的老板盛田昭夫面前。他立即看到了这种个人音乐播放器蕴藏的潜力，终于在1979年，推出了随身听。

这个热键可以消音，这样就能让听音乐的人在与人交谈时不用停止磁带的播放

移动的音乐

随身听并没有录音的功能，只能播放预先录制好的录音带，受众人群也是年轻的音乐爱好者，但这并不能影响随身听迅速成为必要的时尚配件。

在随身听内部，有个电池供电的带轴带动磁带滑过磁头

头戴式的耳机可以根据不同人的头型大小进行调整

酷炫科学

一盘录音带包含了一条附有带电粒子磁性的塑料带。塑料磁带滑过播放头，与磁性粒子发生反应。这个过程使磁带产生振动进而转化成声音通过耳机的发声单元播出。

随身听

前盖打开，就能把录音带装进去

索尼公司为随身听（walkman）想过其他名字包括"stowaway"和"soundabout"便携的耳机

便携的耳机

轻便的耳机大概是随身听最创新的功能了。当时一副盖住整个耳朵的耳机重达400克。随身听的耳机由软泡沫、海绵、喇叭以及可调整的头箍制成，它们的重量只有50克。

停止／弹出按钮使录音带转轴马达停止，并打开前盖以取出录音带

没有独立扬声器，只有耳机

头戴式耳机小而轻便，且覆盖着泡沫海绵

快进

随身听操作很简单，用按钮就可以控制播放、暂停、倒带、快进、调整音量、停止/弹出。按下播放键，电池驱动的马达就会使录音带轴开始转动，按下倒带或快进就能改变录音带轴的速度和转动方向。

播放器是用电池供电的

耳机线连接耳机和随身听

移动的音乐

从有随身听开始，技术的进步意味着日益复杂的个人音乐播放器也在不断发展。

索尼CD机

小巧便携的CD机在1984年开始上市贩售。到20世纪90年代，光碟取代了录音磁带成为最流行的音乐储存媒介。

迷你光碟

索尼公司在1992年推出了比CD机更小巧的迷你光碟及其播放器。迷你光碟在亚洲很风行，但并未普及其他国家。

MP3播放器

像苹果公司的iPod Nano之类的现代播放器，使用数码科技，可以储存数千首乐曲。

相关：电动机 见第62页；电池 见第90页

20世纪50年代， 加利福尼亚的冲浪者为了在没有大波浪的时候也找点儿乐子，就在木制冲浪板上装了旱冰的滚轴滑轮，这样就能在街道上"冲浪"了。很快，滑板就在冲浪用品店上市了，不过滑板被视为一种青少年的时尚消遣，不算是正式的运动。到20世纪70年代，已经制造出更好的滑板和滚轮，同时，滑板爱好者们已经开发出各种窍门和技巧，滑板运动随之风行世界。

如果滑板者从板上摔下来，头盔可以保护她的头部

护肘保护肘部避免受伤

在滑板的顶部外侧表面有一层特殊防滑涂层

金属轮轴连接滑板和滑轮并能使滑轮自由滚动

聚氨酯的滑轮可调节强度和速度

玩家可以在滑板的背面涂鸦来装饰

木材和轮子

20世纪50年代的滑板都是很简单的设计。把一块木材切割成一块小型冲浪板的形状，然后在底部装上旱冰鞋的轮子。滑板运动原本被称为"人行道冲浪"。

板面是用单片的木材制作的

20世纪50年代的滑板用的轮子本来是给旱冰鞋设计的

制造滑板

现代滑板是由多个木板层胶合在一起放到模具中制造而成。每块板都会被按压切割成一定的形状。轮轴和轮子会被螺栓固定在板上，滑板表层会涂上防水密封胶。

滑板

弗兰克·纳斯沃西在1972年进行了滑板革命，添加聚氨酯轮。这些强韧的塑料轮子大大增强了摩擦力（抓地力），并为后来的各种新式技巧和玩法铺平了道路。

如果玩家从正面摔倒，护膝可以保护膝盖

保持控制

典型的滑板板面前端和尾部都有上翘设计，中间下凹的形状使滑板玩家能获得最大限度的操控。窄板最适合用在平坦的街道上，宽板大多适合花样滑板者使用。

习惯的脚在前

通常玩家是把左脚放在板上，右脚向后蹬地来推动前进；而"菜鸟"玩家却把右脚放在板上，用左脚蹬地推动。"蒙古脚"玩家会把更靠近滑板后侧的脚放在板上而用更靠近滑板前侧的脚来推进。

技巧和风格

滑板的风格有很多种。自由式的滑板玩家在平坦的空地表演技巧，花样滑板玩家利用坡道表演腾空技巧。

带板腾空和脚尖翻板

当滑板玩家表演带板腾空动作的时候，他们会让滑板看起来好像粘在他们脚上一样。一个带板腾空可以把滑板在空中翻转变成一个脚尖翻板动作。

城市滑板玩家

城市滑板玩家在马路边、长椅、阶梯和其他各种城市设施上表演技巧。

早期滑板的表面设计得很简易

轮子被螺栓固定在板上

1978—1989年间，在挪威，拥有滑板是非法的——政府视滑板为危害行人安全的工具

相关：车轮　见第140页；自行车　见第160页

人们都非常热衷于知道世界各地发生了什么事——与本国和国际的事件保持同步接轨。今天，已经有了很多方式来了解时事，例如互联网和电视，而在几个世纪之前，了解时事的大部分渠道是报纸。人们通过报纸知晓身边的世界，了解世事变迁。如今，尽管有来自各种新媒体的竞争，但报纸依然是了解时事的主要手段之一，全世界每天有超过10亿人在阅读报纸。

正文是单独一段，和图书比较相似

卡诺鲁斯的报纸上写的是德语

早期的印刷报纸在边缘会有一些装饰，这是1609年发行的报纸

第一份印刷报纸

1605年，出版人约翰·卡诺鲁斯出版了世界上第一份印刷版报纸，叫《关系报》（Relation）。之前，他一直出售手写的时事通讯。但是他觉得手写太慢了，所以就买了一台印刷机。

报纸的名字印在首页的顶部

头条新闻通常用大号粗体的字体印刷来吸引读者的目光

全球蔓延

报纸的发展和技术的进步密不可分——19世纪印刷术改进之后，报纸是最受益的领域之一。报纸的生产成本变得更便宜，并且不久之后便可以刊登图片。报纸变得越来越流行，随之也出现了不同的种类。

报纸

里面有什么？

报纸基本上都是一些关于当下人们关心的话题，包括政治、运动、商务、娱乐和艺术。有些报纸主要焦点是在当地，而其他的会报道整个国家的时事兼一些国际事件的消息。

报纸通常用可回收材料制成

凯撒大帝

两千多年前，罗马领袖凯撒大帝在约公元前59年制造出一种报纸，名为"每日法令"。这种报纸刻在石头或金属上，并在公共场所展示，以便让民众得知政治及社会问题。

使用特种油墨，可以避免弄脏读者的双手

彩色照片吸引读者

制作一张报纸

报纸必须生产迅速——人们总是想得到第一手消息，最好是在事件发生的几小时内。

收集新闻

制作一张报纸，首先你得有新闻故事。通常记者负责收集、采访各种人物，然后把受访者说的话整理写成文字。

印刷

记者一旦把信息整理编辑好，报纸就要印刷了。通常，有些版面的新闻每天都要更新。

互联网新闻

大多数报纸在现今都有在线版本。比起纸张版和视频片段，网上新闻常常包含更详细的信息。

相关：万维网　见第38页；印刷机　见第78页

李维·斯特劳斯

在19世纪后期的美国，从金矿到牧场，常常有很多粗活要做。人们需要强韧耐磨的衣服，于是李维·斯特劳斯和雅各布·戴维斯出售的粗棉布裤子开始流行起来。美国大面积种植棉花，因此棉花价格低廉，他们可以负担得起采购原材料所需的花销。在整个20世纪，士兵、流行歌手以及电影明星都在穿牛仔裤，因为牛仔裤不仅时尚而且也很舒适耐磨。今天，牛仔裤已经是全世界最流行的服装之一，而且适合各种年纪的人穿着。

缩水和褪色

棉质面料会在热水中缩水，所以绝大多数牛仔裤在售卖之前已经洗过。你也可以买"缩水到合身"的牛仔裤。这句话的意思是说，你穿着牛仔裤泡澡，它们就会缩水并十分贴合你的身体。被靛青染料染成蓝色的牛仔裤在水洗的时候会褪色。有时候，工厂里洗牛仔裤时，还会在水里加入坚硬的石头来制造"磨砂"效果。

▶▶ 前瞻未来

有那么一天，衣物无需清洗也能干净如新！使用微电波，化学物质可同纤维织物黏合在一起或者固定在纤维织物上，这样不仅使衣物防尘还可以杀死让衣物产生异味的细菌。用布料治疗皮肤病的技术也正在研发当中。

牛仔裤

—— 牛仔裤是由蓝白相间的棉线织成的

—— 磨砂牛仔裤

战争效应

第二次世界大战期间，工厂的工人和休假的士兵都穿牛仔裤，而美国士兵把它们带到了海外。很快，牛仔裤开始在其他的国家盛行。在战争之前，装饰图案都被缝在裤子口袋上，后来，由于战争原因，为了节省资金就停止了，并多以在牛仔布上画旋涡纹图案来替代。

很多牛仔裤都有5个口袋

橘黄色边线在蓝色的底色下很显眼

纽扣上印有创始人名字或品牌标志

铆钉是铜制的

反叛！

詹姆斯·迪恩是一个年轻的美国演员。1955年他穿着牛仔裤出演了电影之后，牛仔裤的销量飙升。然而，一些学校会因电影情节产生联想，认为青少年穿牛仔裤会促使他们叛逆，所以当时学校禁止穿牛仔裤。

在美国，每年大约能卖出4.5亿条牛仔裤

牛仔风格

最初牛仔裤很宽松有很多口袋，并且是带背带的背带裤子。此后，牛仔裤多次修改外形。

20世纪40年代的时尚风潮

西部电影在20世纪30年代流行起来，在影片中牛仔们都穿牛仔裤。所以到20世纪40年代，牛仔裤在全美成为时尚。

20世纪50年代的青年文化

20世纪50年代，猫王和其他摇滚明星都穿牛仔裤。他们在青少年乐迷中引领的潮流，一直延续到今天。

20世纪70年代，大家都穿牛仔裤

到20世纪70年代，牛仔裤的颜色变得很丰富，各个年龄层的人都穿牛仔裤。用牛仔布做的夹克及裙子也很畅销。

相关：尼龙　见第44页；拉链　见第132页

李维·斯特劳斯

1848年，美国加利福尼亚州发现了金矿， 此后几年间，数十万被称为"淘金者"的人纷至沓来，希望能找到更多黄金。这场"淘金热"以大多数人的失望和失败告终，除了一个叫李维·斯特劳斯的人。

蓝色牛仔裤的诞生

李维·斯特劳斯于1829年出生于德国。在他18岁时，便举家迁往美国纽约，投靠他早已在那里安逸富足的兄长。斯特劳斯在不久之后便搬到"淘金热区"中最大的城市旧金山，代表他的家族去开展服装和面料生意。他希望那里新涌入的大量的人群可以确保他的成功。他得益于内华达裁缝雅各布·戴维斯，他的公司运作得非常顺利。戴维斯是斯特劳斯的一个客户，通过从斯特劳斯那里购买材料来经营自己的生意。他和斯特劳斯一起，制作了世界上第一条牛仔裤。他发明了一种使用铆钉来让工装裤更结实的方法，并请斯特劳斯将想法付诸现实。

迁移

李维·斯特劳斯的公司在成长期时变更了几次办公地点。1866年，公司第5次搬家搬到旧金山的巴特利大街，自此之后40年公司都没有进行搬迁。

李维·斯特劳斯

斯特劳斯坚持让他的员工叫他"李维"，而不是在当时更正式的"斯特劳斯先生"。

工人们穿的衣服

正如右图这个19世纪80年代杂志中的广告显示的那样，斯特劳斯蓝色牛仔夹克跟牛仔裤一样，都很畅销。此时牛仔裤已被标榜为适合工人们穿着的结实服装。多年之后，牛仔裤才被视为时尚的服装。

> ## 在时尚界，
> ## 牛仔裤代表民主。

——乔治·阿玛尼，意大利时装设计师

世界品牌

在斯特劳斯和戴维斯的生意取得巨大成功之后，他们很快用蓝色牛仔布和一种叫"帆布"的棕色棉布生产了夹克和其他服装。帆布服装不是很受欢迎，所以公司停止了生产这种衣服。李维·斯特劳斯于1902年去世，之后他的四个外甥接管了公司。他们继续和戴维斯一起工作直到戴维斯1908年逝世。李维·斯特劳斯的公司依旧非常成功，总部仍在旧金山，但它的分部已遍布全球。

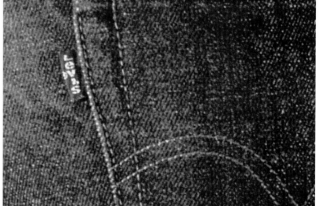

李维斯商标

所有的李维斯牛仔裤都有个红色小标签，在裤腰带环扣之间还有个皮革大标签。皮革标签于1886年引入，用橘黄色边线缝在裤子上。橘黄色边线仍是李维斯牛仔裤的装饰。红色的小标签是从1936年开始加上去的。

走向世界

斯特劳斯并不是19世纪唯一的牛仔裤生产商，Lee公司也是著名的牛仔裤制造商之一。现在全世界更是有众多公司在生产牛仔裤。仅在美国，人们每年花在牛仔裤上的消费就超过100亿美元。20世纪70年代末期，引进了比普通牛仔裤昂贵得多的"设计师"品牌牛仔裤，从此牛仔裤不再像之前那么便宜了。

19世纪末，这个简易的木盒子是最接近电视机或是电影银幕的东西了。

它闪烁无声的黑白画面让人们感到惊奇——因为它们像真的活物一样会动。美国发明家托马斯·爱迪生产生了活动电影放映机的设计灵感，并给他的助手威廉·迪克森布置了制造这个机器的任务。尽管这个机器在不久之后就被胶片放映机取代，但它已经引领了一股热潮并且引发了美国电影工业的诞生。

首部投币电影仅仅持续了4秒，放的是一个人在打喷嚏

这个活动电影放映厅在美国旧金山

活动电影放映厅有数台活动电影放映机——每个客人一台

快闪的图片

活动电影放映机在快门上移动一列照片。在每一帧移动到位时，快门会瞬间打开，让光线很快透过。所以使用者看到的是一系列快速移动的静态照片。

欺骗大脑

活动电影放映机的影片制作人大约每秒要放40帧。放映机把那些排列好的照片均匀高速运行的时候，观看者的大脑就可以自行把那些单独的照片组合成一个连贯运动的影像。今天的电视机、电影院以及电脑游戏，运用的都是相似的原理。

◄◄ 灵感的火花

在17世纪发明的幻灯，是当时第一种能把图片投射到平面上的设备。在这个设备中，从油灯中射出的光束照过印有图案的玻璃板，在墙壁或银幕上成像。

机箱是木制的，有时也用玻璃

活动电影放映机

观众从观察孔透过镜头观看，图像穿过透镜聚焦

快门让光线向上依次照射过每一帧

一个电动的马达带动一个滑轮和轮子组成的装置

胶片被安装在一个由数个滑轮组成的装置上

一条长胶片绕在一直转动的滚轮上

数百幅黑白照片印在透明胶片上

第一部美国电影

第一部由活动电影放映机放出的电影只持续了几秒钟。这部名为《恶作剧1号》的影片拍摄了爱迪生的一个员工在做操。迪克森和他的同事威廉·海斯制作这部影片用来测试系统，所以从未在公共场合播放过。

第一座电影院

第一座电影院于1894年在美国纽约的百老汇开幕。内有10台活动电影放映机。电影的内容有：给一匹马钉蹄铁，一个空中飞人以及一段高原舞蹈。

活动的图像

19世纪60年代，发明家制造了一些简单的设备来使图像看起来在运动。这些小器材的名气也激发了更多更复杂的机器的发展。

卢米埃尔电影放映机

法国的卢米埃尔兄弟在1895年申请了电影放映机专利，电影放映机可以在大银幕上放映电影，可以让更多的人同时观看。

高蒙卡利投影机

到20世纪50年代，电影有了声音，有时也会有色彩。这种投影机，是由当时世界上最古老的高蒙胶片公司生产的。高蒙公司成立于1895年。

相关：电视　见第82页；电子游戏　见第228页

3D是什么？

我们周围的世界是三维（3D）的， 这意味着任何一个固体物质都有高度、宽度和深度。然而在书本和绝大多数的电影中，却都只有二维：高度和宽度。电影制作人找到了更好的方法，就是用科技制造三维的效果，使电影看起来更加逼真，更加扣人心弦——我们把这种电影叫作"三维电影"。

不可思议的大脑

人有两只眼睛，每只眼睛看到东西之后便向大脑发送差别细微的图像。我们的大脑结合两只眼睛看到的信息并创造出一个三维的活动图像，以此我们可以判断其距离和速度。我们把这种出色的能力称为双目视觉，如果没有此能力，我们就无法很好地分辨出某物有多远，或者一件东西距离另一件有多近。

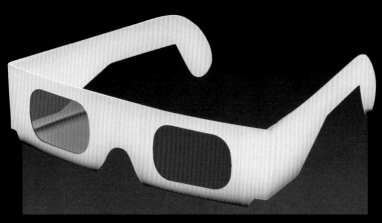

可笑的眼镜

让影片画面看起来有深度的一个简单的方法是用红色投射一次画面，用绿色或者蓝色再投射一次。双色着色的眼镜让每只眼睛只看到一种色彩的画面。然后大脑将两个画面结合在一起，创造出3D彩色图像。

惊人的效果

大多数3D影片，例如《阿凡达》，都比过以往的影片使用了更加复杂的技术。这些技术包括了偏振定位——在投影机上使用了特殊的过滤器，让电影胶片投影在银幕上。

3D的幻觉

我们的大脑是从成对的图像中处理制造3D效果的。很长一段时间里，人们就用从两个差别细小的角度画或拍摄的成对图片来制造3D幻觉，以此制作玩具。像约翰·洛基·贝尔德一样的发明家也用相同的方法来制造动态图像。关键问题是要找到左右眼各看一幅图像的方法——对于单独的观众，这很好解决，给双眼各用一个图像就可以了，然而要解决整个电影院观众的这个问题，对于现代电影制作人就是个很大的挑战。

> **"** 随着数字化三维投影的出现，我们将进入一个电影院的新时代。**"**
>
> ——詹姆斯·卡梅隆，3D电影《阿凡达》制作人

20世纪50年代的3D电影

20世纪50年代，3D电影非常盛行。包括惊悚片和鬼怪电影在内的很多影片都发布了3D版本。

3D摄影机

摄影师用的是由两个镜头来记录3D胶片的特殊摄影机。两个镜头的间距和人眼的一样，所以两个镜头所拍摄到的场景的细微差别和我们用自己的眼睛看也是相似的。

观看3D电影

观众还是需要佩戴有现代3D技术的特殊眼镜，否则看到的就只能是模糊的电影。现在，3D技术已经取得了很大的进步，出现了裸眼3D技术。或许在将来，观看3D影片的时候有可能就不需要戴特殊眼镜了。

雅达利公司

20世纪70年代， 随着雅达利公司推出《乒乓》系列游戏，电子游戏抓住了公众的想象力。原本这是一款街机游戏，《乒乓》的成功催生了家庭电子游戏产业，雅达利公司在1975年推出了家庭版本。这款电视网球的简单游戏风靡一时。从那时起，电子游戏就从《乒乓》的球棒和球的简易图像逐渐发展到全球的玩家可以一起玩的更复杂的虚拟线上游戏，甚至可以在线互相交流。

2009年全球共售出了3.79亿台电子游戏机

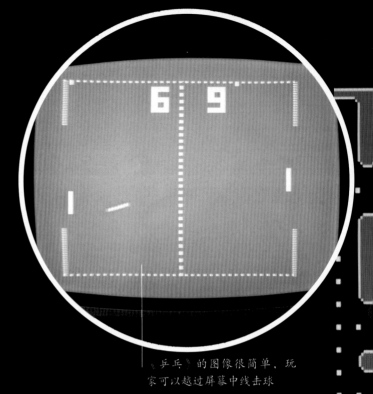

《乒乓》的图像很简单，玩家可以越过屏幕中线击球

《乒乓》

雅达利公司在1973年推出了一款名为《乒乓》的乒乓球类街机游戏。雅达利公司首先在1972年研发了原型。在屏幕上垂直移动游戏杆，一个玩家就可以把球击回给对手。如果对手没有接到并击回球，另一方就得一分。这个简单的二维游戏一时大受欢迎，雅达利公司趁势改进，推出家用版。1975年，公司开发出首台家庭电子游戏机，大获成功。

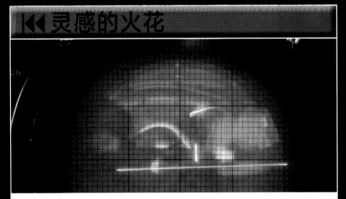

◀◀ 灵感的火花

托马斯·T.戈德史密斯和艾斯托·雷·曼恩被公认是首先发明互动电子游戏的人，他们使用了阴极射线管。玩家可以用控制手柄锁定目标射击虚拟导弹。这个游戏的灵感来自于第二次世界大战期间普遍使用的雷达显示屏。

《吃豆精灵》游戏已经成为20世纪80年代的文化偶像

尖端

早期的游戏机在现在看来都显得过时了，但在当时刚推出时，这些游戏都装有在生活用品中最为高科技的电脑芯片，并配有尖端的彩色图像显示和音效。在1980年推出的《吃豆精灵》是一款获得巨大成功的街机游戏。

电子游戏

吃豆精灵必须避免被4个在迷宫出没的怪物抓到

吃豆精灵如果碰到怪物就会少条命，当所有生命都用光时，游戏就结束了

玩家如果能引导吃豆精灵吃到力量球，就可以得分

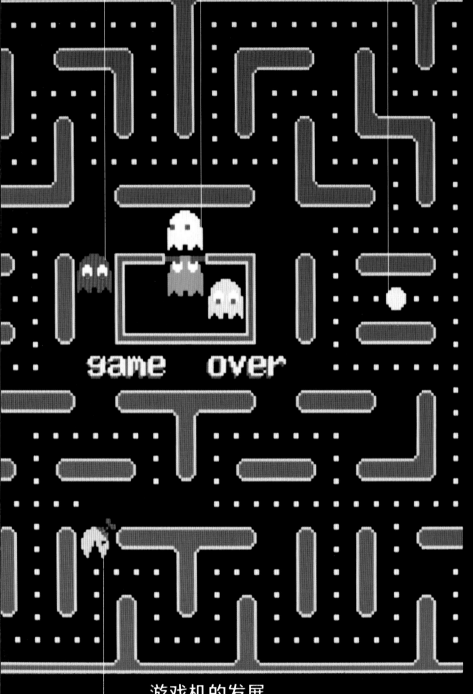

game over

玩家引导吃豆精灵穿过迷宫时，它会把"豆点"吃掉

游戏机的发展

到20时间90年代，诸如任天堂、索尼和世嘉一类的公司已经进入家庭游戏机市场。带有多向操控的操纵杆和动作按钮的键盘已经取代了游戏板，简易的二维图像也逐渐向3D世界、运动传感器、健身挑战和互动体验的方向发展了。

大规模企业

每年商家都推出数千部电子游戏。游戏设计师深入了解时下潮流，设计新的游戏。

《刺猬索尼克》

这个电脑游戏于1991年推出，随后陆续发行了很多续集，都获得成功。这个受欢迎的角色甚至还主演了根据这个游戏改编的卡通剧集。

《古墓丽影》

劳拉·克劳馥在《古墓丽影》中担任主角，这个游戏是第一个成功塑造女英雄的电子游戏，并成为历来最畅销的电子游戏之一。

《第二人生》

这个具有开拓性质的游戏可以让玩家生活在一个虚拟的3D世界里。他们可以设置自己的身份（化身），和其他玩家进行互动。

相关：电视 见第82页；活动电影放映机 见第224页

据推测，古罗马皇帝尼禄在眼睛上戴了抛光宝石来保护眼睛，以防在观看角斗士的时候被刺眼的太阳光灼伤。在12世纪，中国执法者都佩戴墨晶眼镜，为了在证人面前隐藏面部表情。直到1929年，美国人萨姆·福斯特才设计出太阳镜，保护佩戴者的眼睛不受太阳光线的伤害。到20世纪30年代，电影明星和音乐人都佩戴太阳镜，这使太阳镜从保护眼睛变成时尚配件。

光滤波器

阳光照射水面时，光线朝同一方向反射而不是散开的。如果光线进入眼睛，会产生耀眼效果，称为强光。幸运的是，像这样的强光可以用带有偏光镜片的太阳镜过滤掉。这种镜片覆有分子组成的薄膜，像一个过滤器那样，阻挡从水平面反射的光线。

Doggles牌太阳镜是专为那些受强光困扰的狗而设计的

防紫外线

优质的太阳镜保护眼睛不受太阳强紫外线（UV）的侵害。紫外线按光的波长可以分为三类：紫外线A、紫外线B和紫外线C。紫外线C在经过地球表面同温层时被臭氧吸收，不能到达地球表面。眼角膜吸收了所有紫外线B和大部分紫外线A以提供天然保护，但是少部分紫外线A进入眼睛，时间久了，就会引起眼睛疾病。太阳镜的镜片有一层特殊涂层可以阻止有害紫外线进入眼睛。

镜架连接两个镜片

鼻垫防止太阳镜从脸上滑下来

镜片由安全玻璃或防碎塑料制成

在镜腿上包上塑料，戴起来更舒适

太阳镜

酷炫科学

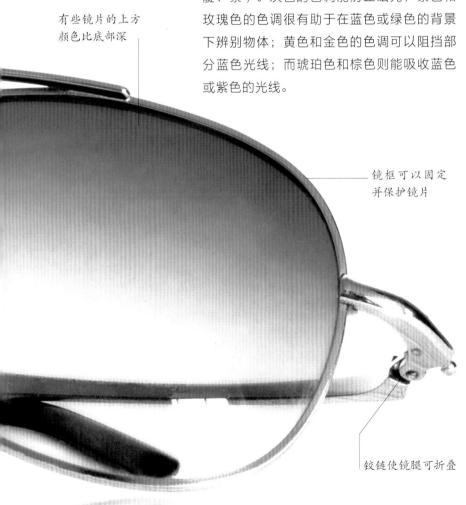

有些太阳镜的镜片使用的是光敏透镜，当紫外线照射在镜片上时，内含的化学物质能吸收可见光使其变暗。当佩戴者走进室内时，就会有相反的变化，镜片颜色又会变淡了。

颜色和色调

太阳镜片有多种颜色。颜色的色调决定吸收的光频谱成分（红、橙、黄、绿、蓝、靛、紫）。灰色的色调能防止眩光；紫色和玫瑰色的色调很有助于在蓝色或绿色的背景下辨别物体；黄色和金色的色调可以阻挡部分蓝色光线；而琥珀色和棕色则能吸收蓝色或紫色的光线。

有些镜片的上方颜色比底部深

镜框可以固定并保护镜片

铰链使镜腿可折叠

运动太阳镜

一些运动需要对眼睛有特殊保护。风镜需要被牢固地固定在头部，并且是为应付各种极端情况而设计的。

冲浪护目镜

一般为水上运动爱好者使用，冲浪护目镜不易碎，用皮带固定在头部，并有护鼻垫保护。

滑雪护目镜

滑雪护目镜有双层镜片，以防止内层起雾。有色的镜片防止雪地上反射的太阳强光伤害眼睛。

冰川护目镜

冰川上反射的太阳光能导致雪盲症。冰川护目镜的镜片又暗又圆，两侧的皮革眼罩能阻挡阳光射入眼睛。

相关：激光 见第40页；眼镜 见第108页

里肯巴克电子设备公司

电吉他给20世纪的流行音乐带来了一场革命。 电吉他与吉他的外形相似，六根弦沿着琴颈跨越在称作音品的金属条上。但是电吉他并不是通过空心的琴身来扩音，因为绝大部分电吉他是实心的。电磁铁把琴弦的震动转换成电流，然后再被电子放大。里肯巴克电子设备公司在1931年制造生产了第一批电吉他。但芬德公司出品的简洁、声音丰富的Telecaster，才让电吉他在1949年真正地流行起来。音乐人开始用电吉他演奏一种新的音乐，即摇滚乐。

一把吉他的外形并不会影响音质，但琴身边缘做成流线型能使其弹奏起来更舒服

琴身

被称为"里肯巴克煎锅"的首批电吉他是金属琴身。但正如现代的电吉他，Telecaster是木制的。专家认为用质重的材料制成的吉他音质更好。有些音乐家相信他们能分辨来自不同木材的不同音质。

芬德的Telecaster吉他的琴身是用结实的白蜡木制成的

灵感的火花

上图是Djeserkaraseneb——一个死于约公元前1400年的埃及官员的墓，墓上的图画展示了一群女人弹奏一种名为琵琶的乐器，它类似吉他。现代吉他是在18世纪和19世纪的欧洲逐渐发展起来的。

这个音调旋钮用以调节变调的强度——听起来比主调高

一把适合任何人弹奏的吉他

无线电修理工里奥·芬德设计的Telecaster吉他于1949年大规模投入生产。琴颈螺栓到琴身的设计易于组装和修理。演奏者可以使用琴颈上的音频来演奏不同的音符，也能转动旋钮来控制音量和音调。

电吉他

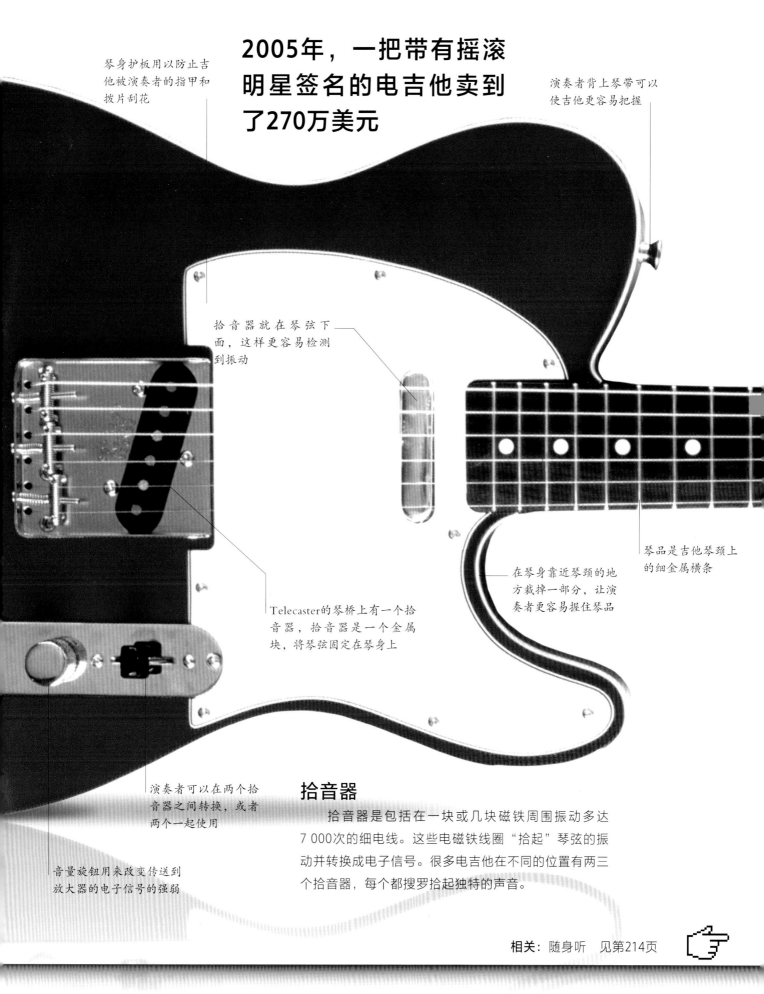

2005年，一把带有摇滚明星签名的电吉他卖到了270万美元

琴身护板用以防止吉他被演奏者的指甲和拨片刮花

演奏者背上琴带可以使吉他更容易把握

拾音器就在琴弦下面，这样更容易检测到振动

琴品是吉他琴颈上的细金属横条

在琴身靠近琴颈的地方裁掉一部分，让演奏者更容易握住琴品

Telecaster的琴桥上有一个拾音器，拾音器是一个金属块，将琴弦固定在琴身上

演奏者可以在两个拾音器之间转换，或者两个一起使用

拾音器

拾音器是包括在一块或几块磁铁周围振动多达7 000次的细电线。这些电磁铁线圈"拾起"琴弦的振动并转换成电子信号。很多电吉他在不同的位置有两三个拾音器，每个都搜罗拾起独特的声音。

音量旋钮用来改变传送到放大器的电子信号的强弱

相关：随身听　见第214页

哪一种吉他？

电吉他用电放大声音，演奏者依据需要制造的音效决定演奏什么样的乐曲。优秀的吉他演奏家用优质的设备可以演奏出更好的声音，所以他们挑选吉他很仔细。

马丁原声吉他

在原声吉他中加入拾音器来放大电子声效。很多专业人士演奏原声音色时，都选择马丁吉他。

吉市森·莱斯·保罗电吉他

20世纪50年代，传奇爵士吉他手莱斯·保罗，帮助吉布森吉他公司研发这款经典的吉他，直到今天依然非常流行。

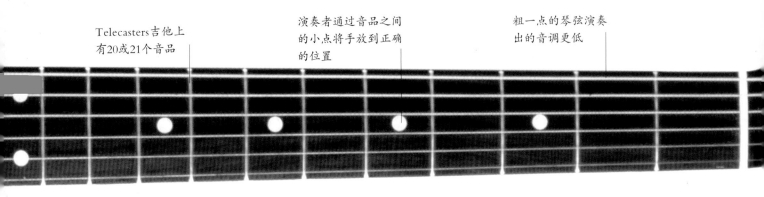

Telecasters吉他上有20或21个音品

演奏者通过音品之间的小点将手放到正确的位置

粗一点的琴弦演奏出的音调更低

1964年，谁人乐队（The Who）的皮特·汤森是第一位在舞台上摔烂吉他的摇滚明星

琴颈

电吉他有六根金属琴弦。琴弦沿着琴颈间隙精准地分布，琴弦下面是细金属音品。把琴弦按在一个音品上，能有效地把它缩短，所以琴弦会更快速地振动从而产生一个更高的声调。

酷炫科学

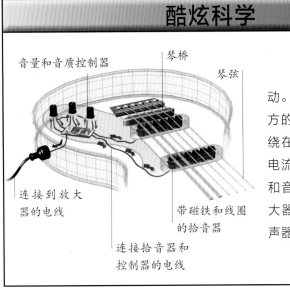

音量和音质控制器

琴桥

琴弦

连接到放大器的电线

带磁铁和线圈的拾音器

连接拾音器和控制器的电线

拨动琴弦会使其振动。通过干扰拾音器上方的磁场，使电流流过绕在磁铁周围的线圈。电流在经过吉他的音量和音调控制器之后被放大器增强，然后通过扬声器转换成声音。

吉米·亨德里克斯把他的吉他插到这个效果器踏板上来制造失真音效

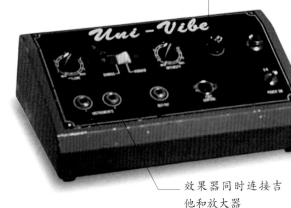

Uni-Vibe

效果器同时连接吉他和放大器

里肯巴克贝斯吉他

贝斯吉他只有四根琴弦，却可以弹出比电吉他更低的音调。这是由生产"煎锅"吉他的公司制造的。

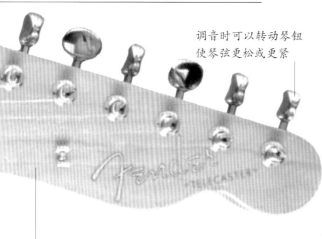

调音时可以转动琴钮使琴弦更松或更紧

琴头上的琴钉是用来固定琴弦的

吉他音箱

对于电吉他本身，声音是非常轻的，拾音器的电流也非常微弱。音箱的作用是使吉他的声音变大——通过放大电流直到能从扬声器发出足够大的声响。

扬声器

扬声器也有电磁铁。扬声器把电子信号从放大器转回振动，从而让我们听见。更大的电流使扬声器的发声单元产生更多的振动，从而发出更大的声音。当乐队在演唱会上表演时，常常需要一座巨大的"扬声器墙"。

吉他演奏的传奇人物吉米·亨德里克斯在20世纪60年代使用的马歇尔吉他音箱

吉他音箱有音调、音量和其他效果的控制按钮

扬声器箱可以放下数个扬声器

马歇尔带有组合扬声器的吉他音箱

相关：随身听　见第214页

质地更为柔韧的橡胶鞋底是皮革之外的又一选择， 1892年美国橡胶公司推广胶底运动鞋。1917年，美国橡胶公司建立了凯兹（Keds）公司来生产和销售他们的运动鞋或者跑鞋。今天，仅在美国，每年大约售出3.5亿双跑鞋。现代跑鞋拥有缓冲减震系统，能够让人们发挥最好的运动水平。同时，它又是一个时尚单品，各品牌之间互相竞争，看谁的设计最能引领时尚潮流。

硫化橡胶

1839年，查尔斯·古德耶发明了遇热不会融化、遇冷不会脆裂的硫化橡胶。他向包括轮胎和鞋底在内的许多产品生产商证明了它的广泛用途。

▶▶ 前瞻未来

跑步的时候脚上没鞋比穿鞋时的脚部组织受伤少，因为脚上不同的点和穴位可以首先触到地面。正在进行的研究开发出一种新系列的跑鞋，可以模拟赤脚跑步的状态。

运动鞋

第一双软底运动鞋

凯兹是首个大规模出售轻便灵活的胶底跑鞋的公司。它们有盖住脚踝的高帮、硫化橡胶的鞋底，以及朴素纯棕色的帆布鞋身。这种鞋被称为"sneakers"（本意为没有声音、潜行者、小偷等），因为穿着胶底运动鞋走起路来一点儿声都没有。

接缝被缝合在一起

帆布鞋既轻便又透气

20世纪80年代出售的篮球鞋内可以充入空气，就像自行车轮胎那样

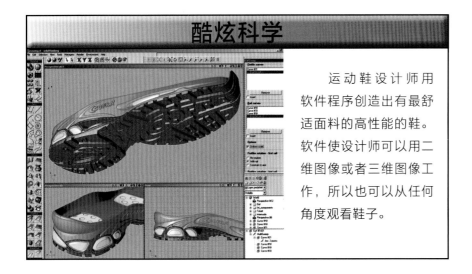

酷炫科学

运动鞋设计师用软件程序创造出有最舒适面料的高性能的鞋。软件使设计师可以用二维图像或者三维图像工作，所以也可以从任何角度观看鞋子。

合适的鞋

在20世纪二三十年代，运动鞋公司开始为了不同的运动设计合适的软底运动鞋，例如短跑运动和足球项目。到20世纪50年代，人们也同样将软底运动鞋当休闲鞋穿。运动鞋公司从20世纪80年代开始，邀请著名运动明星为它们做广告，软底运动鞋很快变成时尚单品。

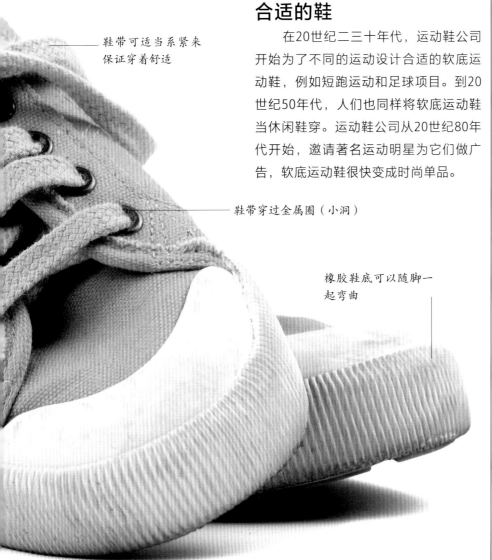

鞋带可适当系紧来保证穿着舒适

鞋带穿过金属圈（小洞）

橡胶鞋底可以随脚一起弯曲

运动鞋

跑鞋公司研发的软底运动鞋帮助运动员发挥他们的最佳水平，而不同的运动有不同的穿着需求。

足球鞋

足球鞋底的鞋钉有助于增强抓地力。有不同的鞋钉可供选择，这取决于球场的软硬度。

单车鞋

很多单车鞋鞋底都有鞋钉，被称为防滑钉，防滑钉可以嵌入单车踏板防止鞋子滑落。

短跑鞋

短跑运动员的钉鞋在跑步的时候可以增强抓地力。这个创意源于猎豹，它们跑步时爪子是张开的。

相关：足球 见第238页

厚皮革外层十分结实耐磨

足球拥有成千上万的观众和爱好

者，是世界上最流行的团队运动之一。现代比赛的原型来自于中世纪的欧洲，当时数百名球员会游荡在街上互相踢球。现代足球运动是基于1863年英格兰足球协会尝试规范各种形式而制定的规则。足球赛的宗旨很简单：两队在球场上通过带球、过人或头球来竞争，并把球踢进对手的球门。

世界上历史最久的足球

右图的这只足球是在苏格兰斯特林城堡的天花板椽子上发现的，这里曾是玛丽女王的卧室。专家确信这只足球来自16世纪40年代，并把它作为已知的现今世界上历史最久的足球。

它的净重是125克，不到大多数现代足球的三分之一重

皮革是吸水的，球湿了之后会变得非常沉

◀◀ 灵感的火花

蹴鞠图

蹴鞠是一种约2 500年前起源于中国的球类游戏。这是由皮革和一种橡胶缝制并用羽毛填充的球。两组选手互相对抗得分，由裁判保证比赛的公正。类似的游戏在日本和东南亚同样流行。

足球

三块皮革裁片缝制在一起构成一个球的形状

裁片与裁片之间的接缝清晰可见

在皮革面板里面的猪膀胱膨胀使之有球的形状和弹性

这个球的直径只有14~16厘米，要比现代的足球小得多

因为年代久远，皮革已经开裂了

给喧哗者的规则

球迷和球手向来都有喧闹吵嚷的名声。1314年，英国国王爱德华二世禁止在伦敦的街道上踢球，因为球员会互相抢夺扭打导致公物的损坏。但这道禁令丝毫没有阻止这项运动的日益盛行。

"头球"有危险

早期的足球是把皮革包覆缝制在充气的猪膀胱外面。在雨天，足球因为吸收水分就会变得非常重。所以在雨天用头部击接球会有危险——有时甚至是致命的。现在的足球都是用有防水涂层的人造革制成的。

世界上约有2.4亿人经常踢足球

现代足球的种类

每年有4 000多万个足球被制造出来。球面被缝合起来之前会先留一个接缝可以让橡胶内胆放进去。当最后一个接缝缝合之后，球内胆就可以通过气泵充气。

热门球面

最普遍的球面图案就是截断的32面体——混合了20个六边形和12个五边形。上图中为1970年世界杯设计的阿迪达斯Telstar足球，有白色的六边形和黑色的五边形。

新形状

2006年世界杯的足球上只有18个裁片。阿迪达斯是把它们黏在一起而不是缝合，以此来创造更平滑的表面，尽可能确保无论从哪个角度踢球，效果都是一样的。

相关： 滑板 见第216页； 运动鞋 见第236页

致 谢

DK would like to thank: Jackie Brind for the index, Sarah Owens for proofreading, Ed Merritt for the globe artwork, and Andrea Mills, Matilda Gollon, and Ashwin Khurana for editorial assistance.

The publisher would like to thank the following for their kind permission to reproduce their photographs:

(Key: a-above; b-below/bottom; c-centre; f-far; l-left; r-right; t-top)

Front title page Science Photo Library: A Barrington Brown. title page Science Photo Library: Gustoimages. Contents Page 1 Alamy Images: Barry Mason (crb). Aurora Photos: Corey Rich (cl). Corbis: SGO / BSIP (bc). Images-of-elements / http://creativecommons.org/licenses/by/3.0/: (tc). Science Photo Library: Patrick Landmann (c). Contents Page 2 Alamy Images:ArcadeImages (br). iStockphoto.com: OlgaLIS (bc). Contents Page 3 Alamy Images: Andrew Fox (bl); Zoe /Mcphoto / Blickwinkel (bc). Corbis: Image Source (br). 1 Getty Images: Ryan McVay (c); Still Images / Photographer's Choice (tr). Science Photo Library: Mauro Fermariello (bc). 2 Mary Evans Picture Library: (tr). Science Photo Library: Andrew Brookes / National Physical Laboratory (br).
3 Corbis: Dennis Kunkel Microscopy, Inc. / Visuals Unlimited (bl). NASA:Johnson Space Center (tl). 4 Corbis: Julian Smith / Terra (tl). Getty Images: P Barber (tr);SSPL (bl). Samsung: (ca). 4-5 iStockphoto.com: Benjamin Albiach Galán. 5 Corbis:William Radcliffe / Historical (tl). 6 iStockphoto.com: Geoff Kuchera (tr). 6-7 Science Museum / Science & Society Picture Library. 7 Corbis: Rick Friedman / Corbis News (br); Image Source (tr). Getty Images: Still Images / Photographer's Choice (cr); G Wanner / ScienceFoto (tl). 8 Corbis: Dennis Kunkel Microscopy, Inc / Visuals Unlimited (tr). 8-9 Alamy Images: Jason Salmon. 9 Corbis: Scott Sinklier / Encyclopedia (br). Getty Images: P Barber (tl). Science Photo Library: Ria Novosti (cr). 10 Getty Images: Popperfoto (bl). Mary Evans Picture Library: (bc). 10-11 Mary Evans Picture Library. 11 The Advertising Archives: (br). Corbis: SGO / BSIP (tr). Getty Images: SSPL (c). Science Museum / Science & Society Picture Library: NMeM Daily Herald Archive (tr). 12-13 iStockphoto.com: OlgaLIS. 13 Corbis: Karen Kasmauski / Terra (tr); Dr Fred Murphy / Visuals Unlimited / Encyclopedia (cr); John O'Boyle / Star Ledger / Corbis News (br). Getty Images: Renaud Visage / Digital Vision (bc). 14 TopFoto.co.uk: The Granger Collection (cl). 14-15 Science Museum / Science & Society Picture Library. 15 Getty Images: Steve Gschmeissner (tr). Science Photo Library: Michael Abbey (cr); Dr Jeremy Burgess (cla); Volker Steger, Peter Arnold Inc. (crb). 16 Getty Images: SSPL (bl). 16-17 Getty Images: SSPL. 23 Getty Images: Nick Veasey / Untitled X-Ray / Collection Mix: Subjects (br). Science Photo Library: Kenneth Eward / Biografx (tr); SGO (cr). 18 Corbis: Bettmann (tr). 18-19 iStockphoto.com: Benjamin Albiach Galán. 19 UCSD: Tal Danino, Octavio Mondragon-Palamino, Lev Tsimring, Jeff Hasty / Departements of Biology and Bioengineering (br). 20 Science Photo Library: A Barrington Brown. 21 Getty Images: George Silk / Time & Life Pictures (bc). Science Photo Library: (clb); Science Source (cr). 22 Science Photo Library: Patrick Landmann (tr). 22-23 Science Photo Library: Patrick Landmann. 23 Alamy Images: Robert Clay (br). 24 Association Internationale Nicolas Appert F 51510 Cheniers: (tr). 24-25 Getty Images: SSPL. 25 Getty Images: Kroeger / Gross / StockFood Creative (cr). Science Photo Library: Gustoimages (tr); NASA (br). 26 iStockphoto.com: biffspandex (clb). 26-27 Construction Photography: Adrian Greeman. 27 Corbis: John Heseltine / Terra (cr); Jay M Pasachoff / Science Faction / Documentary (tr). Getty Images: Hugh Sitton (bc). 28 Mary Evans Picture Library: (bc). 28-29 Getty Images: General Photographic Agency / Hulton Archive. 29 Getty Images: Bloomberg (cb); Ralph Lee Hopkins / National Geographic (cra); Ethan Miller / Getty Images News (bl). 30 Alamy Images: Chris Hermann / F1online digitale Bildagentur GmbH (bl). 30-31 Corbis: Lew Robertson / Corbis Edge. 31 Alamy Images: David Mark (cl). Getty Images: Bloomberg (br); David Silverman / Getty Images News (cra). 32 Getty Images: Apic / Hulton Archive (br); Bloomberg (tr). Science Photo Library: Helen Mcardle (tc). 32-33 Getty Images: Tetra Images (br/carbon). 33 Images-of-elements / http://creativecommons.org/licenses/by/3.0/: (cb) (bc). 34 Corbis: Leonard de Selva / Corbis Art (bl). Division of Work and Industry / National Museum of American History: (tc). 34-35 Division of Work and Industry / National Museum of American History. 35 Alamy Images: The Print Collector (cr).36 Getty Images: SSPL (br). 36-37 Corbis: William Radcliffe / Historical. 37 The Art Archive: John Meek (cra). Science Photo Library: (crb); Emilio Segre Visual Archives / American Institute of Physics (br). 38 World Wide Web Consortium (W3C): (cr/screen shot). 38-39 Science Photo Library: Cern. 39 Alamy Images: Maksymenko 1 (tl). Corbis: Kevin Dodge / Flirt (br). Photo Division / Beyond Fotomedia (tr); Jim Sugar / Documentary Value (cr). 40-41 Corbis: Julian Smith / Terra. 41 Getty Images: Kim Steele / Photodisc (tr). Science Photo Library: Bruce Frisch (cr); Los Alamos National Laboratory (br). 42-43 Getty Images: Ryan McVay. 43 Samsung: (cl). Science Photo Library: Power And Syred (cb). 44 Science Photo Library: Chemical Design Ltd (bl). 40-45 Alamy Images: Andrew Fox. 45 Alamy Images: Barry Mason (cr); RJH_RF (tr). Corbis: Roman Maerzinger / Westend61 (br). 46 Science Photo Library: Photo Researchers (br). 46-47 Corbis: Lawrence Manning / Corbis Yellow. 47 The Advertising Archives: (cr). Corbis: Hulton-Deutsch Collection / Historical (bl). 48 Corbis: Diego Goldberg / Sygma (br). iStockphoto.com: DNY59 (ca). 49 Corbis: Ted Spiegel / Encyclopedia (tr). Nobel Foundation: (br). Photolibrary: Ingram Publishing (cl). 50 Alamy Images: Avatra Images (bc); Zoe / Mcphoto / Blickwinkel (c). Getty Images: SSPL (tl). Reuters: Kimberly White (tc). Science Museum / Science & Society Picture Library: (crb). 51 Getty Images: John Kelly / Photodisc (tl); Dan Kitwood / Getty Images News (cl). 52 Sharinghistory.com / Cassier's Magazine: (clb) (bl). 52-53 Alamy Images: The Art Gallery Collection. 53 Alamy Images: Silwen Randebrock (tr). Corbis: Marvy! / Corbis Edge (cr); Reuters (br). University of California, Berkeley: Carlos Fernandez-Pello, Albert P Pisano (tl). 54-55 Getty Images: Dan Kitwood / Getty Images News. 55 Science Photo Library: Christian Darkin (br). 56 Corbis: Bettmann (cr); Jeff Zelevansky / EPA (bc); Herbert Spichtinger / Cusp (bl). 56-57 Emaar Properties. 57 Alamy Images: Kevpix (tl). Corbis: Ken Straiton / Terra (br). Getty Images: Picavet / Workbook Stock (bc). 58 Alamy Images: Christine Strover (bl). 58-59 Getty Images: SSPL. 59 Science Photo Library: Dr Arthur Tucker (cl). 60-61Getty Images: Sean Gallup. 61 Alamy Images: Zoe / Mcphoto / Blickwinkel (cra). Corbis: Michael DeYoung (br). 62 Monash University: (bl). 62-63 Getty Images: SSPL. 63 Getty Images: John Kelly / Photodisc (crb). iStockphoto.com: Krzysztof Chrystowski (cra). 64 Corbis: Hulton-Deutsch Collection / Historical. Science Photo Library: Royal Institution Of Great Britain (bc). 65 Dorling Kindersley: The Science Museum, London (tc) (bl) (c). Getty Images: Hulton Archive (cr). 66 Alamy Images: Florida Images (bl). 66-67 Getty Images: SSPL. 67 Alamy Images: World History Archive (bc). Getty Images: SSPL (tr) (br) (cr). 68 Wikipedia, The Free Encyclopedia: (tr). 68-69 Corbis: Gideon Mendel / Terra. 69 NASA: Johnson Space Center (br). Science Museum / Science & Society Picture Library: (tr). 70 Alamy Images: Jeremy Sutton-Hibbert (clb). Corbis: Toshiyuki Aizawa / Reuters (r); James Leynse (br). Science Photo Library: Peter Menzel (bc). 71 Alamy Images: Alan Howden – Japan Stock Photography (tc). Corbis: Lindsey Parnaby / EPA (cb); Reuters (tl). Getty Images: Oli Scarff / Getty Images News (crb). Science Photo Library: US Air Force (bl). 72-73 Getty Images: SSPL. 73 Science Museum / Science & Society Picture Library: (bl). Science Photo Library: Andrew Brookes / National Physical Laboratory (cra). Simon Carter Ltd: (crb). 74 Alamy Images: King, T (d.1769) / The Art Gallery Collection (bl). 74-75 National Maritime Museum, Greenwich, London: Ministry of Defence Art Collection. 75 National Maritime Museum, Greenwich, London: Ministry of Defence Art Collection (cb). Science Photo Library: George Bernard (tr). 76 The Art Archive: Musée Romain Nyon / Gianni Dagli Orti (crb). 76-77 iStockphoto.com: Edwin Verin. 77 Alamy Images: Justin Kase Zninez (cra). Corbis: Justin Guariglia (crb). 78 TopFoto.co.uk: The Granger Collection (bl). 78-79 Photo Deutsches Museum.
79 Alamy Images: Joachim E Röttgers / Imagebroker (br). Ancient Art & Architecture Collection: (tl). Science Museum / Science & Society Picture Library: (cra). TopFoto.co.uk: The Granger Collection (crb). 80 Alamy Images: Stephen Dorey – Commercial (bl). 80-81 Twyford Bathrooms.
81 Alamy Images: Art Directors & TRIP (cra). Corbis: Jon Arnold / JAI (br). Getty Images: English
School / The Bridgeman Art Library (tc). 82 Science Museum / Science & Society Picture Library: NMeM Daily Herald Archive (cl). 82-83 Science Museum / Science & Society Picture Library. 83 Science Museum / Science & Society Picture Library: (c). Toshiba Corporation: (tr). 84 Alamy Images: Chizuko Kimura (br). Corbis: Rick Doyle / Terra (bc). Getty Images: Image Source (bl). 84-85 Corbis: Najlah Feanny. 85 Alamy Images: H Armstrong Roberts / ClassicStock (c). Getty Images: Flying Colours / Stones (bc); The India Today Group (bl). 86 Getty Images: Darrell Gulin / Digital Vision (tc). 86-87 Science Photo Library: Carlos Dominguez.
87 Corbis: David Burton / Encyclopedia (tr). Getty Images: Eco Images / Universal Images Group (cr). Science Photo Library: Dryden Flight Research Center Photo Collection / NASA (br). 88 Corbis: Annette Soumillard / Hemis / Terra (bc). 88-89 Corbis: David Frazier / Spirit. 89 Getty Images: Marcel Mochet / AFP (tc). Science Photo Library: Prof David Hall (bc). 90 Corbis: Alfredo Dagli Orti / The Art Archive / The Picture Desk Limited (tc). 90-91 Alamy Images: Avatra Images.91 Corbis: Car Culture (br). Getty Images: Toshifumi Kitamura / AFP (tl). iStockphoto.com:
Andras Csontos (cr). Photoshot: UPPA (tr). 92 Alamy Images: David J Green - technology (tr). Science Photo Library: Thomas Deerinck, NCMIR (bl). 92-93 Alamy Images: David J Green - technology.94 Science Museum / Science & Society Picture Library: (tr) (br).
95 Corbis: Courtesy of Texas Instruments / Handout / Reuters (tc). Getty Images: Bloomberg (br). Courtesy of Intel Corporation Ltd: (tr). Science Museum / Science & Society Picture Library:
(tl) (bc) (bl). 96-97 Smithsonian Institution, Washington, DC, USA: Computers Collection, National Museum of American History. 97 Alamy Images: Chris Howes / Wild Places Photography (tc). Getty Images: SSPL (cr); Chung Sung-Jun / Getty Images News (br). TopFoto.
co.uk: (tr). 98-99 Reuters: Kimberly White. 99 Corbis: Bettmann (cb); Monica M Davey / EPA (bc); Kim Kulish / Corbis News (cla/Apple 1). Science Photo Library: Peter Menzel (cla); Volker Steger (ftl) (cl). 100 Alamy Images: ICP (clb). Canon Europe: (tr). Corbis: Stefano Bianchetti / Terra (tl). Science Photo Library: Mauro Fermariello (br). 100-101 Corbis: Yves Forestier / Sygma (bc). 101 Getty Images: Time & Life Pictures (tl). 102-103 Science Photo Library: Gustoimages. 104 Raytheon Company: (tr). 105 Raytheon Company: (cl) (br). 106 Getty Images:
George Rose / Getty Images Entertainment (tr). 106-107 Canon Europe. 107 Canon Europe: (ca). Corbis: David Scharf / Encyclopedia (tl). 108 Corbis: Bettmann (tr). Science Photo Library: Giphotostock (cl) (clb). 108-109 iStockphoto.com: Ernst Daniel Scheffler. 109 Corbis: doc-stock / Latitude (tr). Science Photo Library: Susan Leavines (br). 110 Getty Images: Jochen Sands / Digital Vision (bl). 110-111 Alamy Images: Realimage (tc). TopFoto.co.uk: (cb). 111 GettyImages: Digital Vision / photodisc (cr); Howard Shooter (br). iStockphoto.com: Chuck Rausin (tr).
112 Getty Images: Time & Life Pictures. 113 Alamy Images: INTERFOTO (crb). Getty Images: GAB Archive / Redferns (bc); SSPL (tl). Science Photo Library: (c). 114 Getty Images: Getty Images News (cr). Photolibrary: Best View Stock (tr). Photo Scala, Florence: The Metropolitan Museum of Art / Art Resource (tl). 114-115 Corbis: Yves Forestier / Sygma. 115 Corbis: YM / EPA (crb). Photo Scala, Florence: Marilyn Angel Wynn / Nativestock.com (tc). Science Photo Library: Louise Murray (cra). 116 University of Texas at San Antonio Library: Joske's Charga-Plate, MS 251, Archives and Special Collections (bl). 116-117 Alamy Images: ICP. 117 Alamy Images: Adrian Muttitt (br); PSL Images (tl). Science Photo Library: Giphotostock (cra). 118 Corbis: Keren Su / Encyclopedia (bl). 118-119 Photolibrary: David Buffngton. 119 Alamy Images: Dave Cameron (cra). Getty Images: Peter Dazeley / Photographer's Choice (br). 120 The NCR Archive at Dayton History: (cb). 120-121 The NCR Archive at Dayton History: (bc) (ca). 121 Alamy Images: Frank Weinert / F1online digitale Bildagentur GmbH (bc). 122-123 Science Photo Library: Mauro Fermariello. 123 Science Photo Library: Pascal Goetgheluck (br). 124 Courtesy of the Early Office Museum (www.officemuseum.com): (tr). 124-125 Corbis: Tim Pannell / Corbis Yellow (cb). 125 Alamy Images: Butch Martin (tr). Corbis: Anthony Bannister / Gallo Images (tl). Ecozone: (br). 126 Courtesy of Timothy Bryan Burgess: (bl). 126-127 Alamy Images: Chris Howes / Wild Places Photography. 127 Alamy Images: Krystyna Szulecka (cra). Getty Images: AFP (br). TopFoto.co.uk: The British Library / HIP (tc). 128 Corbis: Annie Griffths Belt / Encyclopedia (c). iStockphoto.com: kutay Tanir (tr). 128-129 3M United Kingdom plc: (cb). 129 Corbis: MicroVision Laboratories, Inc / Visuals Unlimited (bl). William B Davies: (br). Getty Images: Vincenzo Lombardo / Photographer's Choice RF (tr). 130 Science Photo Library: Dr John Brackenbury (bl). 130-131 Dreamstime.com: Fuzzbass. 131 Corbis: Reuters (crb). Getty Images: Altrendo Nature (cra). Science Photo Library: Eye Of Science (tl). 132 Corbis: Bettmann
(bl). 132-133 Corbis: Stefano Bianchetti / Terra. 133 Corbis: Jacques Bourguet / Sygma (br); Tim Brakemeier / EPA (cr). Science Photo Library: Alexis Rosenfeld (tr). 134 Getty Images: Bloomberg (ca). 134-135 Alamy Images: Hugh Threlfall. 135 Alamy Images: Richard G Bingham
II (ca); Andrew Paterson (tr). fotolia: Maksym Dykha (cr); Tom McNemar (crb). 136 Ericsson: (c). Getty Images: Bloomberg (br). 136-137 Reprinted with permission of Alcatel-Lucent USA Inc. 137 Getty Images: Brian Hagiwara / Time Life Pictures (bc). Nokia Corporation: (bl). Science Photo Library: Johnny Greig (crb). 138 Corbis:Car Culture (tr); Encyclopedia (bl). iStockphoto.com: Sven Herrmann (tl).138-139 Alamy Images: Avico Ltd (cb). Corbis: Randy Jolly /
Terra (tc).139 Getty Images: John Linnell / The Bridgeman Art Library (cl). 140-141 Museum and
Galleriesof Ljubljana: Matevz Paternoster. 141 Corbis:Image Source (tr). Dorling Kindersley: Lindsey Stock (cr). Getty Images:Robert Glenn / DK Stock (tl). 142 Dorling Kindersley: The National Motor Museum, Beaulieu (tr).142-143 Dorling Kindersley: The National Motor Museum,
Beaulieu. 143 Pininfarina S.p.A.: (tr).146-147 TopFoto.co.uk: National Motor Museum / HIP. 145 Alamy Images: Friedrich Stark (tl).Corbis: Bettmann (bc). 146-147 Corbis: Encyclopedia. 147 Designnobis: (br). 148 Science Museum / Science & Society Picture Library: (c).
148-149 Dorling Kindersley: National Maritime Museum, London. 149 Corbis: Steve Kaufman / Encyclopedia (tr). 150 Last Refuge: David Halford (crb).
150-151 Dorling Kindersley: The Imperial War Museum, Duxford. 152
Corbis: Randy Jolly / Terra (br). NASA: Dryden Flight Research Center (bc). 152-153 Dorling Kindersley: The Imperial War Museum, Duxford. 153 Getty Images: Torsten Blackwood / AFP (bl). NASA: Dryden Flight Research Center (tc). Science Photo Library: Ria Novosti (br). 154 Science Museum / Science & Society Picture Library: (br). 154-155 Alamy Images: Avico Ltd. 155 NASA: (bc). 156 Science Museum / Science & Society Picture Library: (bl). 156-157 Getty Images: SSPL. 157 Alamy Images: Steppenwolf (cr). Getty Images: JP De Manne / Robert Harding World Imagery (tr).158 Getty Images: Hulton Archive (clb); SSPL (br). 158-159 Getty Images: William England / Hulton Archive. 159 Getty Images: Russian School / The Bridgeman Art Library (bl); SSPL (br).160 Getty Images: SSPL (tr) (br). iStockphoto.com: Artsem Martysiuk (bl). 161 iStockphoto.com: Sven Herrmann. 162-163 fotosearch.co.uk. 163 Alamy Images: Mark Bourdillon (tc); Lise Dumont (tr). iStockphoto.com: Jim Mills (br). Science Photo Library: James King-Holmes (cr);Cordelia Molloy (bl). 164 Bradford Industrial Museum, England: (clb). 164-165 Getty Images:
Peter Laurie / Hulton Archive. 165 Reflecting Roadstuds Ltd: (bl) (br). 166 The Art Archive: Gianni Dagli / Orti Musée National de la voiture et du tourisme Compiègne (bl). Candy Lab: (tr). 166-167 Corbis: Car Culture. 168-169 Getty Images: SSPL. 169 Getty Images: AFP (tc); Simeone Huber / Photographer's Choice (bc). 170 Wikipedia, The Free Encyclopedia: (br). 170-171 Corbis: Underwood & Underwood. 171 Photolibrary: Dennis Gilbert (bl). 172 iStockphoto.com: Dmitry Goygel-Sokol (bl). NASA: Kennedy Space Center (cr). naturepl.com: Solvin Zankl (bc). Science Photo Library: Simon Fraser (tl). 173 Rex Features: c.United / Everett (cl). Science Photo Library: Kevin Curtis (tl). 174 NASA: Kennedy Space Center (bl). 174-175 NASA: Kennedy Space Center. 175 NASA: International Space Station (br); Johnson Space Center (tr); Marshall Space Flight Center (cr). 177 Alamy Images: William S Kuta (tr). NASA: Jet Propulsion Laboratory (bl). Science Photo Library: David Parker (br); Bruce Roberts (cr). 178 HubbleSite: NASA, James Bell (Cornell University), Michael Wolff (Space Science Institute), and The Hubble Heritage Team (STScI/AURA) (bl); M Wong and I de Pater (University of California, Berkeley) (cb). 178-179 NASA: Johnson Space Center; NASA, ESA, and M Livio (STScI) (crb). 179 HubbleSite: NASA, ESA, and the Hubble Heritage (STScI/ AURA) -ESA/Hubble Collaboration (bc). 180 Corbis: Liu Liqun / Encyclopedia (tl); Smithsonian Institution (cr). 181 Corbis: Photolibrary / Canopy (tc). iStockphoto.com: Dmitry Goygel-Sokol (bc). 182-183 NASA: Jet Propulsion Laboratory. 183 Corbis: NASA-JPL-Caltech – digital versi / Science Faction (br). NASA: (tc); JPL / Cornell University / Maas Digital. 184-185 Corbis: Image Source. 185 Corbis: Ilya Naymushin / Reuters (br). Getty Images: Dieter Spannknebel / The Image Bank (tl). NASA: ESA-J. Huart (cra). 186 NASA: Jet Propulsion Laboratory (cr). 186-187 NASA: Kennedy Space Center. 187 Dorling Kindersley: ESA – ESTEC (cra). NASA: ESA / NASA / JPL / University of Arizona (crb). 188 Photoshot: UPPA (bl). 188-189 Dorling Kindersley: Bob Gathany. 190-191 Dorling Kindersley: Bob Gathany. 191 NASA: Johnson Space Center (tl) (br); Marshall Space Flight Center (tr); Jim Ross (cr). 192-193 Smithsonian Institution, Washington, DC, USA: Photographic Archives. 193 Corbis: Schlegelmilch (cr). Getty Images: Scott Markewitz / Photographer's Choice RF (br); Leon Neal / AFP (tr). NASA: Johnson Space Center (tr). 194 Corbis: Ralph White / Historical (cb). 194-195 NOAA: OAR / National Undersea Research Program (NURP); JAMSTEC. 195 Corbis: Ralph White / Encyclopedia (crb). naturepl.com: Solvin Zankl (cra). Woods Hole Oceanographic Instititution: (cb). 196 Mary Evans Picture Library: (tr). 196-197 Alamy Images: Amar and Isabelle Guillen – Guillen Photography. 197 NAVY.mil: Photographers Mate 2nd Class Prince Hughes III (cra). Rex Features: Palm Beach Post (crb). 198 Rex Features: (clb). 198-199 Rex Features: c. United / Everett. 199 The Kobal Collection: (tc); Turner Network Television (clb). TopFoto.co.uk: The Granger Collection (cr). 200 Science Photo Library: Kevin Curtis (bl). 200-201 Science Photo Library: Philippe Psaila. 201 Science Photo Library: Andy Crump (tr). 202 Science Photo Library: Scott Camazine (tr). 202-203 Science Photo Library: Simon Fraser. 203 Getty Images: Paul Burns / Lifestyle (bl); Nancy R Schiff / Archive Photos (cra). Science Photo Library: Hank Morgan (tl). 204 Alamy Images: (bl); Pictorial Press Ltd (cra). Corbis: Randy Faris / image100 (tl). Getty Images: AFP (bl). 204-205 Alamy Images: Friedrich Stark (tc). 205 Getty Images: J R Eyerman / Time & Life Pictures (cl); Ethan Miller (tl). 206 The Trustees of the British Museum: (tr). Photoshot: UPPA (bl). 206-207 Alamy Images: Helene Rogers / Art Directors & TRIP (cb). Getty Images: SSPL (ca). 207 Alamy Images: (bl). Anoto: (tr). www.securityvillage.co.uk: Gerry McBride (cr) (clb). Getty Images: Creative Crop / Digital Vision (tr). 209 iStockphoto.com: pixhook. 210-211 © 2008 The LEGO Group. 211 Alamy Images: Nitschkefoto (bl); UrbanZone (br). © 2008 The LEGO Group: (cr); LEGO Group: (tr). 212 © 2008 The LEGO Group: (bl) (br). 212-213 © 2008 The LEGO Group. 213 © 2008 The LEGO Group: (bl) (bc) (br). 215 Alamy Images: Dave Pattison (cr); Shinypix (tr). Corbis: Monica M Davey / EPA (br). 216 Corbis: Evan Hurd / Corbis Sports (tr). 216-217 Dorling Kindersley: Slam City Skates. 217 Aurora Photos: Corey Rich (tl); Wig Worland (cr). Getty Images: Jam Media / LatinContent (tr). 218 Getty Images: Karen Bleier / AFP (The Examiner) (br/Financial Times). Heidelberg University Library: (tr). Press Association Images: Gregorio Borgia / AP (crb/LA STAMPA). 219 Alamy Images: Roger Bamber (cr); Mark Scheuern (tr). Corbis: Hoberman Collection / Encyclopedia (tc). Getty Images: Karen Bleier / AFP (br) (bl/CHINA DAILY); Jacques Demarthon / AFP (cl/LE FIGARO); Philippe Desmazes / AFP (bc/EL MUNDO). Photoshot: Tim Brakemeier / UPPA (c/B.Z.). 220 Corbis: Jerry Cooke / Historical (cb). 220-221 Levi Strauss & Co. 221 Alamy Images: Chris Batson (cla) (c) (clb). The Art Archive: Justin Locke / NGS Image Collection (cr). Mary Evans Picture Library: Classic Stock / H Armstrong Roberts (cra) (br). 222 The Advertising Archives: (br). Alamy Images: Pictorial Press Ltd (cr). 222-223 The Advertising Archives. 223 The Advertising Archives: (br). 224 Corbis: Bettmann (tr). Dorling Kindersley: The Museum of the Moving Image, London (bl). 224-225 Getty Images: SSPL. 225 Dorling Kindersley: The Museum of the Moving Image, London (br). Science Photo Library: (tr). 226 Corbis: Tim Pannell (bl). The Kobal Collection: Twentieth Century Fox Film Corporation (br). 226-227 Getty Images: J R Eyerman / Time & Life Pictures. 227 Alamy Images: Archives du 7eme Art / Photos 12 (br). Corbis: Matthew Ashton / AMA / Corbis Sports (bl). 228 Alamy Images: INTERFOTO (tr). Brookhaven National Laboratory: (clb). 228-229 Alamy Images: ArcadeImages. 229 Alamy Images: Friedrich Stark (br). Corbis: Sygma (tr). Getty Images: Apic (cr). 230-231 iStockphoto.com: Nathan Cox. 231 Alamy Images: Phil Degginger (tc); Pavel Filatov (br); Krebs Hanns (cr). SeaSpecs: (tr). 232 The Art Archive: Bibliothèque Musée du Louvre / Gianni Dagli Orti (bl). 232-233 TopFoto.co.uk: Shadows & Light Limited. 234 Getty Images: David Corio / Redferns (br); Ethan Miller / Getty Images Entertainment (tr); David Redfern / Redferns (tc). 234-235 TopFoto.co.uk: Shadows & Light Limited (c). 235 Getty Images: David Corio / Redferns (cr); Nicky J Sims / Redferns (tl).
236 Alamy Images: John Warburton-Lee Photography / (bl). 236-237 Alamy Images: Branislav Senic. 237 Corbis: William Sallaz / Duomo (cr); Darren
Staples / Reuters (tr). Getty Images: AFP (br). SolidThinking: (tl). 238-239 Collections of Stirling Smith Art Gallery & Museum, Scotland. 239 akg-images: British Library (bl). Corbis: Randy Faris / image100 (cra). Getty Images: Michael Kappeler / AFP (crb).

All other images © Dorling Kindersley
For further information see: www.dkimages.com